MathStart®

洛克数学启蒙 ③

MathStart®
洛克数学启蒙③

打喷嚏的马

[美]斯图尔特・J. 墨菲 文 [美]史蒂夫・比约克曼 图
漆仰平 译

海峡出版发行集团 THE STRAITS PUBLISHING & DISTRIBUTING GROUP | 福建少年儿童出版社 FUJIAN CHILDREN'S PUBLISHING HOUSE

献给聪明杰克和他的主人迈克尔。
——斯图尔特·J. 墨菲

献给爱马的格雷西。
——史蒂夫·比约克曼

著作权合同登记号：图字 13-2023-038号

图书在版编目（CIP）数据

洛克数学启蒙. 3. 打喷嚏的马 / (美) 斯图尔特·J.墨菲文；(美) 史蒂夫·比约克曼图；漆仰平译. -- 福州：福建少年儿童出版社，2023.9
ISBN 978-7-5395-8240-5

Ⅰ. ①洛… Ⅱ. ①斯… ②史… ③漆… Ⅲ. ①数学-儿童读物 Ⅳ. ①O1-49

中国国家版本馆CIP数据核字(2023)第074384号

LUOKE SHUXUE QIMENG 3 · DA PENTI DE MA
洛克数学启蒙3·打喷嚏的马

著　　者：[美]斯图尔特·J. 墨菲　文　[美]史蒂夫·比约克曼　图　漆仰平　译
出 版 人：陈远　出版发行：福建少年儿童出版社　http://www.fjcp.com　e-mail:fcph@fjcp.com　社址：福州市东水路 76 号 17 层（邮编：350001）
选题策划：洛克博克　责任编辑：曾亚真　助理编辑：赵芷晴　特约编辑：刘丹亭　美术设计：翠翠　电话：010-53606116（发行部）　印刷：北京利丰雅高长城印刷有限公司
开　　本：889 毫米 ×1092 毫米　1/16　印张：2.5　版次：2023 年 9 月第 1 版　印次：2023 年 9 月第 1 次印刷　ISBN 978-7-5395-8240-5　定价：24.80 元

打喷嚏的马

汉基对干草过敏，大概每隔 20 分钟就得打一次喷嚏，所以他有个外号叫作“喷嚏大王”。

汉基不光打喷嚏很有规律，他每天总是在固定的时间做固定的事情。

“汉基太好预测了，”爵士嘲笑他，“我们总能知道他马上要做什么。”

“是啊，”马耶斯蒂说，“多无趣。”

汉基刚好打了个喷嚏：“阿嚏！”然后，他就走开了。

汉基讨厌被人取笑。不过，爵士和马耶斯蒂可能没说错，这一点更让他觉得心烦。

“我真的那么无趣吗？”他渴望知道答案。

火花是汉基最好的朋友，她安慰汉基道：“别管他们怎么说。”可汉基听不进去。

“我要让他们看看我没那么无趣，”汉基琢磨起来，“我能和别人一样不可预测。”

第二天，爵士和马耶斯蒂在大门附近溜达，火花刚好快步从门口经过。

“瞧着吧，”爵士说，“汉基会在 10 点整走出谷仓。”

“你又不知道，”火花说，
“你只是随便猜猜。”

爵士朝马耶斯蒂眨眨眼。

火花并不知道爵士和马耶斯蒂已经观察汉基好几天了。他们发现，汉基的主人苏珊总是在到达谷仓一小时后把汉基带出来。今天早上 9 点苏珊就到马厩了。

星期一 星期二 星期三 星期四 星期五 星期六
苏珊到达 9:15 9:00 9:30 9:00 9:15 9:00
汉基出谷仓 10:15 10:00 10:30 10:00 10:15 ?

谷仓里的汉基听到了爵士和马耶斯蒂的对话。

“机会来了！我要让你们预测不到！”汉基想，“只要我在里面待到 10 点以后再出来就行！”

汉基低下头把蹄子收起来。苏珊使劲拽缰绳。

可就在这时，汉基打了个喷嚏。“阿嚏！”

这个喷嚏的动静太大，汉基几乎没法站稳。早上10点整，他跌跌撞撞地通过了谷仓大门。

第二天，火花正在嚼鲜草，爵士和马耶斯蒂从一旁跑过。
“我预测，汉基今天会披蓝色的马鞍垫。”爵士说。

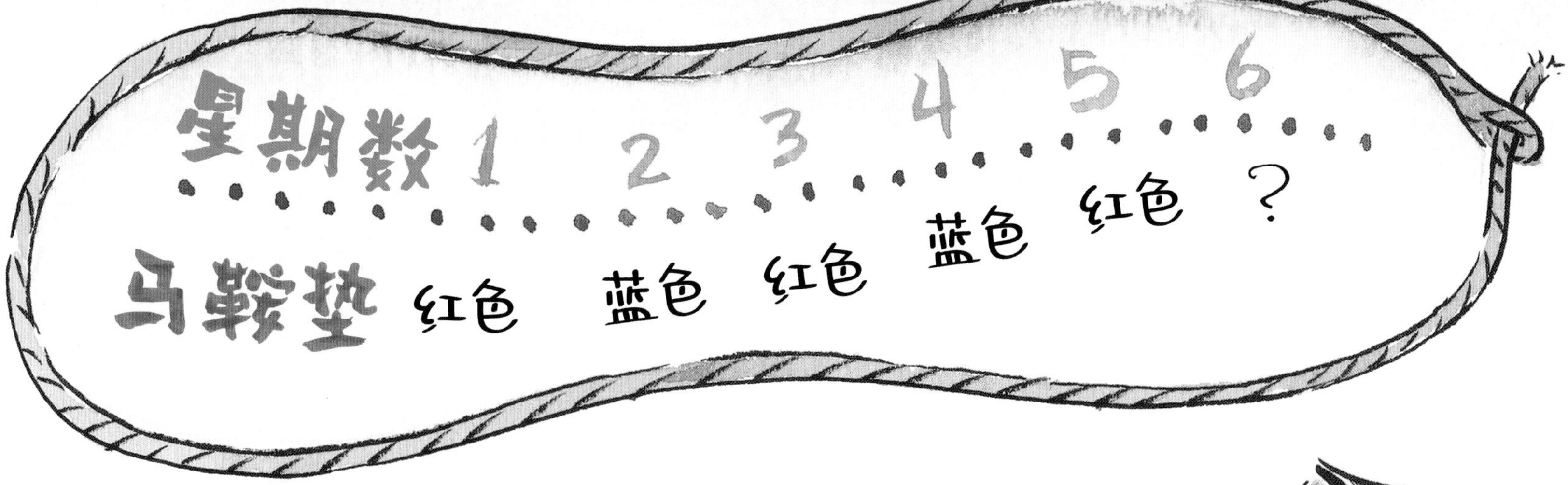
星期数 1 2 3 4 5 6
马鞍垫 红色 蓝色 红色 蓝色 红色 ？

她注意到，如果汉基这个星期披红色的马鞍垫，那么下一个星期他就会披蓝色的马鞍垫。上星期，他一直披的是红色。

谷仓里，汉基又发现一个能让他变得不可预测的机会，那就是只要确保苏珊今天给他披红色马鞍垫就行。

汉基用牙齿咬住蓝色马鞍垫，把它藏在一大堆干草下面。

可是，这又害他打了个喷嚏。“阿嚏！”
干草飞了起来，这时苏珊刚好到达谷仓。
“汉基，你的垫子怎么会在干草下面？”苏珊说着，把蓝色马鞍垫放到汉基的背上。
“哦，糟糕！”汉基心想，“这下，我还是被他们预测准了。”

第二天，汉基去田野里吃草，爵士和马耶斯蒂在不远处观察。

“我打赌，他一上来就得先打个滚儿。”爵士说。

“当然，绝对的。”马耶斯蒂说，“过去 5 天里，他天天如此。”

汉基
打滚儿
星期三 星期四 星期五 星期六 星期日 星期一
是 是 是 是 是 ?

汉基听见了他们的对话。
“我才不会打滚儿呢。不会！不会！”他想。
可是，草儿那么诱人。
汉基朝爵士和马耶斯蒂那边瞧了瞧。正巧他们在看别的地方。
“机会来了！”汉基想。
他“扑通”一声仰面躺倒，扭动着身子翻滚起来，感觉妙极了。

马耶斯蒂迅速转过身来。“哈！汉基还是老样子！”他大叫，“完全在我们的预料之中！”

汉基叹了口气站起来。

“看着吧，”爵士低声说，“我打赌他接下来会喝口水。他几乎每次都这样。”

汉基听见了爵士的话。不过他已经不在乎了。他渴了，走过去喝了水。

“他们总是能预测到我要做什么，”
他心想，“也许我真的很无趣。
我没法改变这一点。”

爵士大喊起来："我预测，你 3 分钟后就会打喷嚏。"

她知道汉基每隔 20 分钟就打一次喷嚏。他上一个喷嚏是 17 分钟前打的。

火花来到汉基身边。

“别担心，”她安慰道，“我不在乎你是不是总做同样的事情。你是我最好的朋友，我喜欢你本来的样子。”

汉基感觉好些了。

“你说得对，”汉基对火花说，“从现在开始，我想做什么就做什么，不管别人怎么想。”

说着，他又把鼻子伸进了水里。

就在这时，他打了个喷嚏。

PAT

嚏！

“虽然你这个喷嚏被他们预测到了，”火花说，“但它真的很有趣！”

写给家长和孩子

《打喷嚏的马》中所涉及的数学概念是做出预测，这是逻辑思维的重要部分。预测不是随机猜，而是建立在对模式的观察上。

对于《打喷嚏的马》中所呈现的数学概念，如果你们想从中获得更多乐趣，有以下几条建议：

1. 和孩子一起读故事，指出马耶斯蒂和爵士对汉基接下来的行为做出了哪些预测。读故事的过程中，让孩子也来预测一下汉基会做什么，并让孩子说说这么预测的理由。

2. 再次阅读故事，让孩子预测第二天或下一周汉基可能做什么。

3. 改变书中表格的规律。例如，你可以把第 11 页中的表格改为：

	星期一	星期二	星期三	星期四	星期五	星期六
苏珊到达	9:00	9:15	9:30	9:00	9:15	9:30
汉基出谷仓	9:30	9:45	10:00	9:30	9:45	?

让孩子根据新表格预测汉基将会怎么做，并让孩子说说这么预测的理由。

4. 让孩子去询问其他家庭成员每天所做的事情，列成表格，然后对他们的行为做出预测。

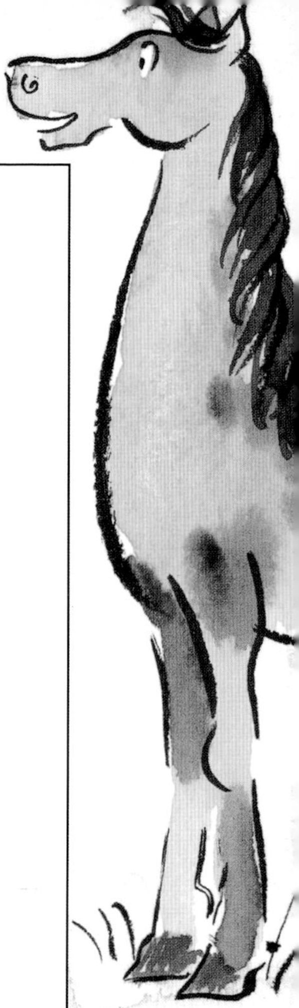

如果你想将本书中的数学概念扩展到孩子的日常生活中，可以参考以下这些游戏活动：

1. 校内午餐：让孩子连续两周记录学校的午餐菜单，然后来预测下周的菜单。

2. 预测自己：让孩子把他三四天内每天做的事情记录成表格。例如：

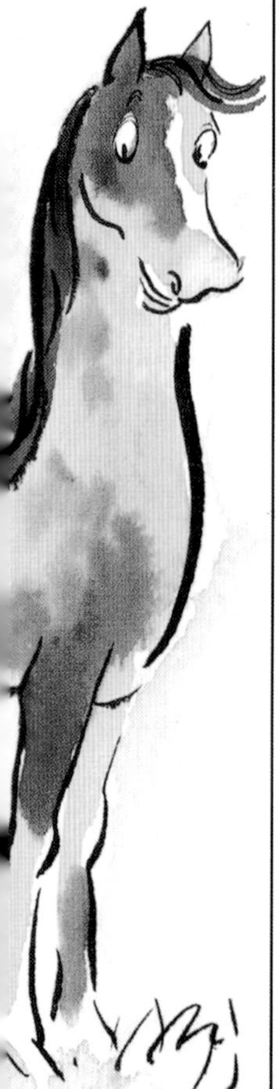

事项	星期一	星期二	星期三	星期四
起床时间				
早餐吃的食物				
上衣的颜色				
放学回家的时间				

问一问孩子每天做的事项是否存在某种固定模式，它是否像汉基一样容易预测。

洛克数学启蒙

1

《虫虫大游行》	比较
《超人麦迪》	比较轻重
《一双袜子》	配对
《马戏团里的形状》	认识形状
《虫虫爱跳舞》	方位
《宇宙无敌舰长》	立体图形
《手套不见了》	奇数和偶数
《跳跃的蜥蜴》	按群计数
《车上的动物们》	加法
《怪兽音乐椅》	减法

2

《小小消防员》	分类
《1、2、3，茄子》	数字排序
《酷炫100天》	认识1~100
《嘀嘀，小汽车来了》	认识规律
《最棒的假期》	收集数据
《时间到了》	认识时间
《大了还是小了》	数字比较
《会数数的奥马利》	计数
《全部加一倍》	倍数
《狂欢购物节》	巧算加法

3

《人人都有蓝莓派》	加法进位
《鲨鱼游泳训练营》	两位数减法
《跳跳猴的游行》	按群计数
《袋鼠专属任务》	乘法算式
《给我分一半》	认识对半平分
《开心嘉年华》	除法
《地球日，万岁》	位值
《起床出发了》	认识时间线
《打喷嚏的马》	预测
《谁猜得对》	估算

4

《我的比较好》	面积
《小胡椒大事记》	认识日历
《柠檬汁特卖》	条形统计图
《圣代冰激凌》	排列组合
《波莉的笔友》	公制单位
《自行车环行赛》	周长
《也许是开心果》	概率
《比零还少》	负数
《灰熊日报》	百分比
《比赛时间到》	时间

3-A

洛克数学启蒙

练习册

洛克博克童书 策划　陈晓娟 编写　懂懂鸭 绘

超市里的水果是装袋出售的。请你数一数，每种水果袋子里有多少个，外面有多少个，在____上填写恰当的数字。

袋子里有____个，外面还有____个，苹果一共有____个。

袋子里有____个，外面还有____个，桔子一共有____个。

袋子里有____个，外面还有____个，柠檬一共有____个。

小朋友在玩数字碰碰车，请将下面图中数字相加得10的两辆车连线。

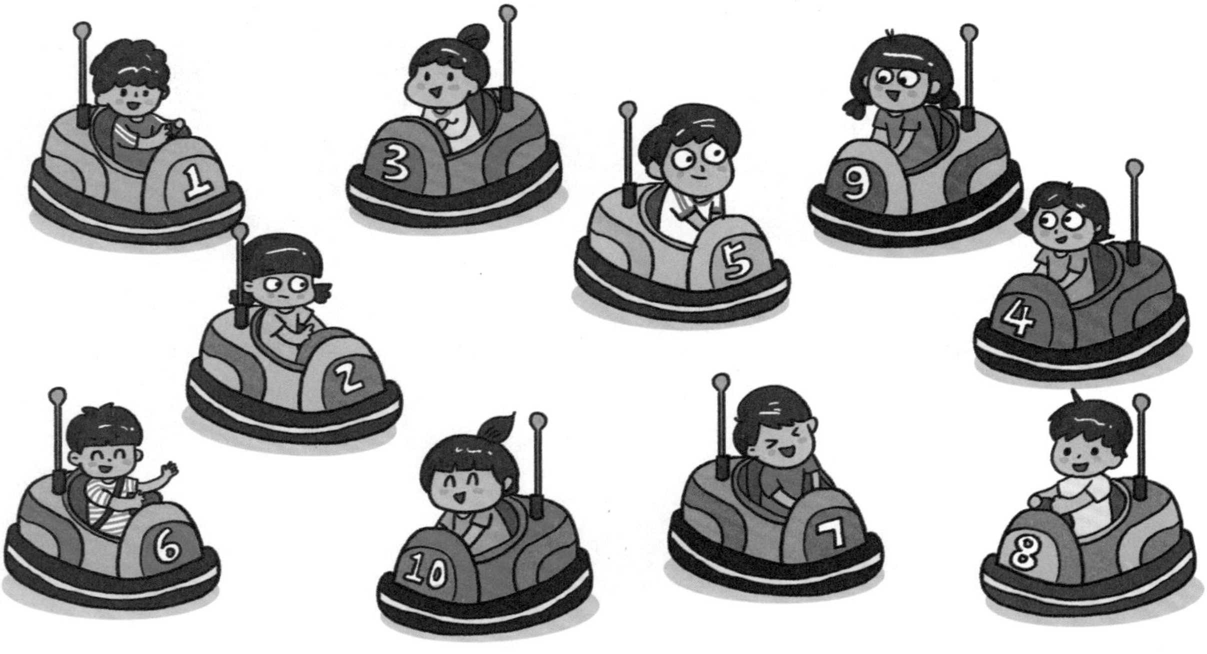

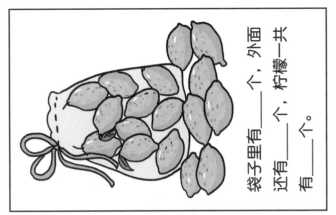

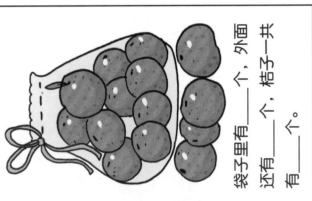

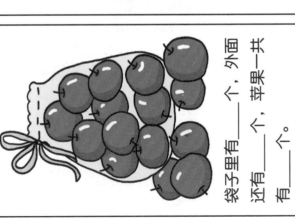

✎按照已给出的示例，圈一圈，数一数，两节车厢一共坐了多少个小朋友。

先圈出10个小朋友，6+4=10，再数一数，剩下2个，2+10=12，所以6+6=12。

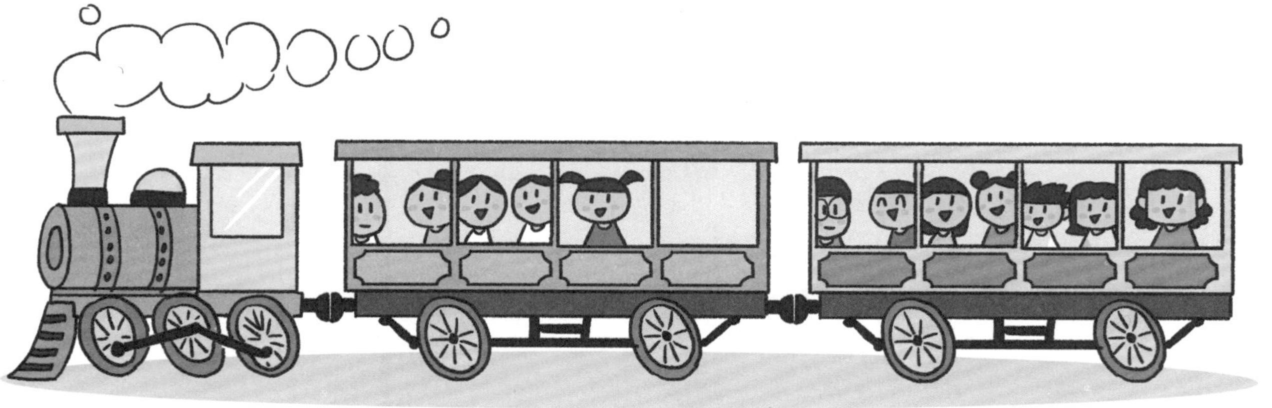

先圈出10个小朋友，__+__=10，再数一数，剩下__个，__+10=__，所以5+7=__。

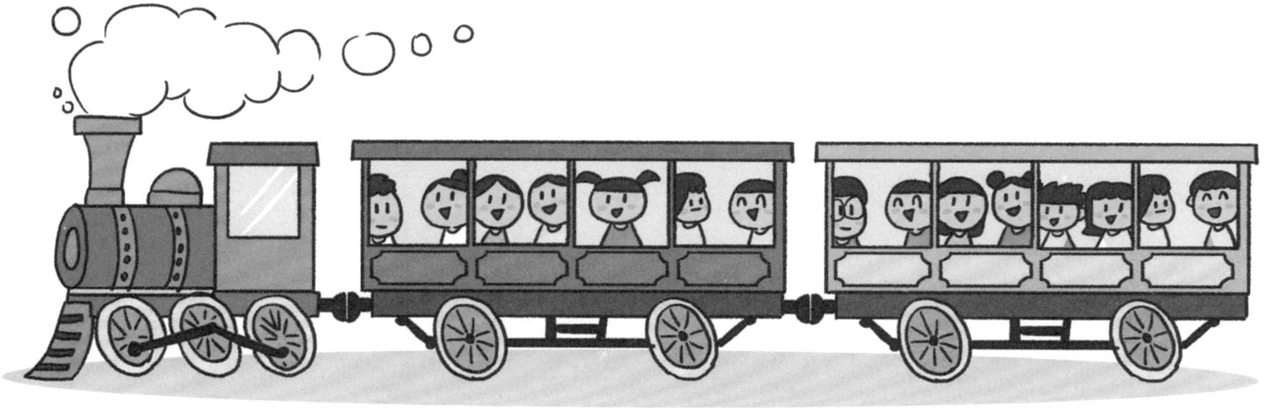

先圈出10个小朋友，__+__=10，再数一数，剩下__个，__+10=__，所以7+8=__。

小猫去池塘钓鱼，请你帮小猫圈一圈，然后想一想：小猫钓走一些鱼之后，池塘里还剩多少条鱼？

① 示例：池塘里一共有14条鱼，小猫从池塘左侧的10条鱼中钓走9条，剩余_1_条，10-9=_1_，_1_+4=_5_，所以14-9=_5_。

② 池塘里一共有13条鱼，小猫从池塘左侧的10条鱼中钓走8条，剩余___条，10-8=___，___+3=___，所以13-8=___。

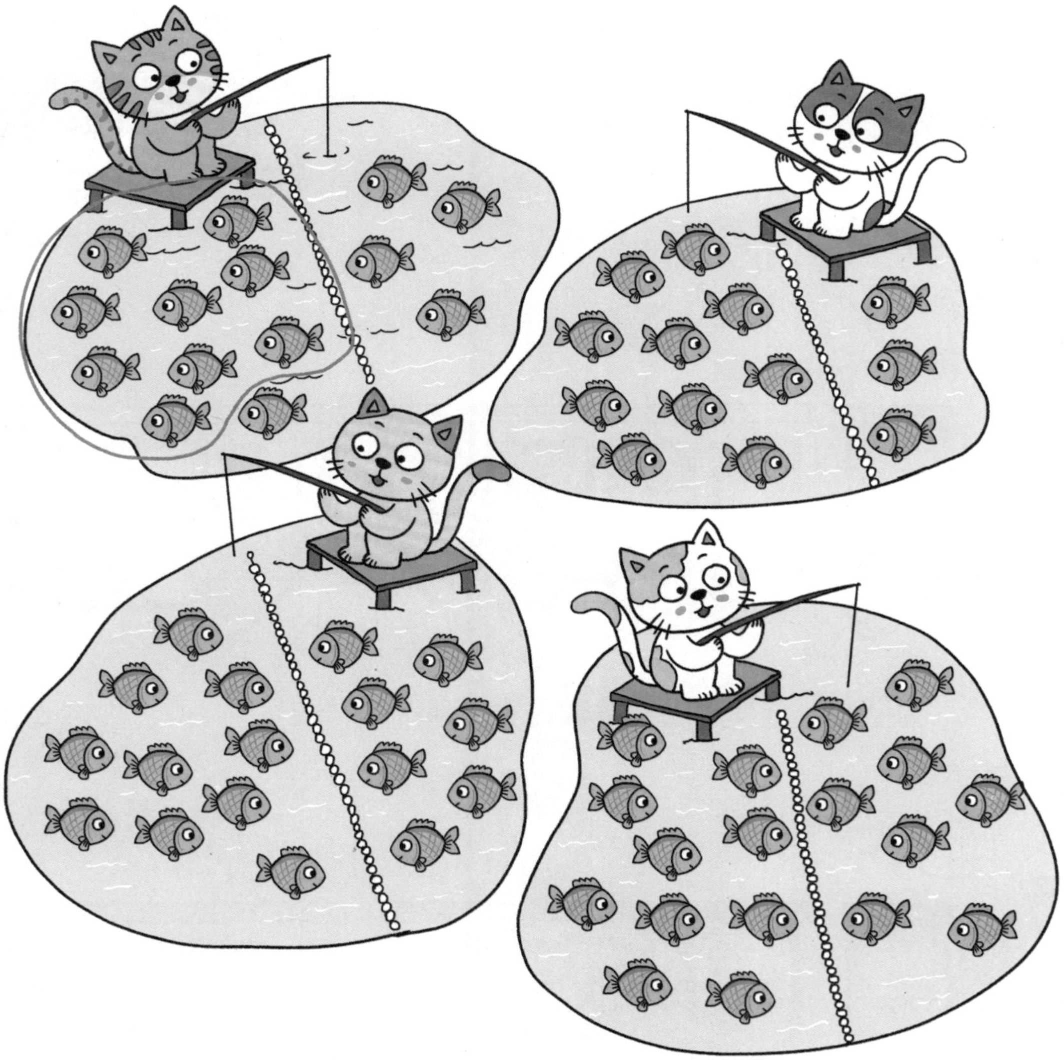

③ 池塘里一共有17条鱼，小猫从池塘左侧的10条鱼中钓走7条，剩余___条，10-7=___，___+7=___，所以17-7=___。

④ 池塘里一共有18条鱼，小猫从池塘左侧的10条鱼中钓走6条，剩余___条，10-6=___，___+8=___，所以18-6=___。

丫丫正在帮老师清点玩具数量，请你仔细观察图片，数一数每种玩具有几个，并计算图中等式，在____上填写正确得数。

小熊杂货店里有许多商品，请你2个2个地数，帮小熊数出每一种商品共有多少。

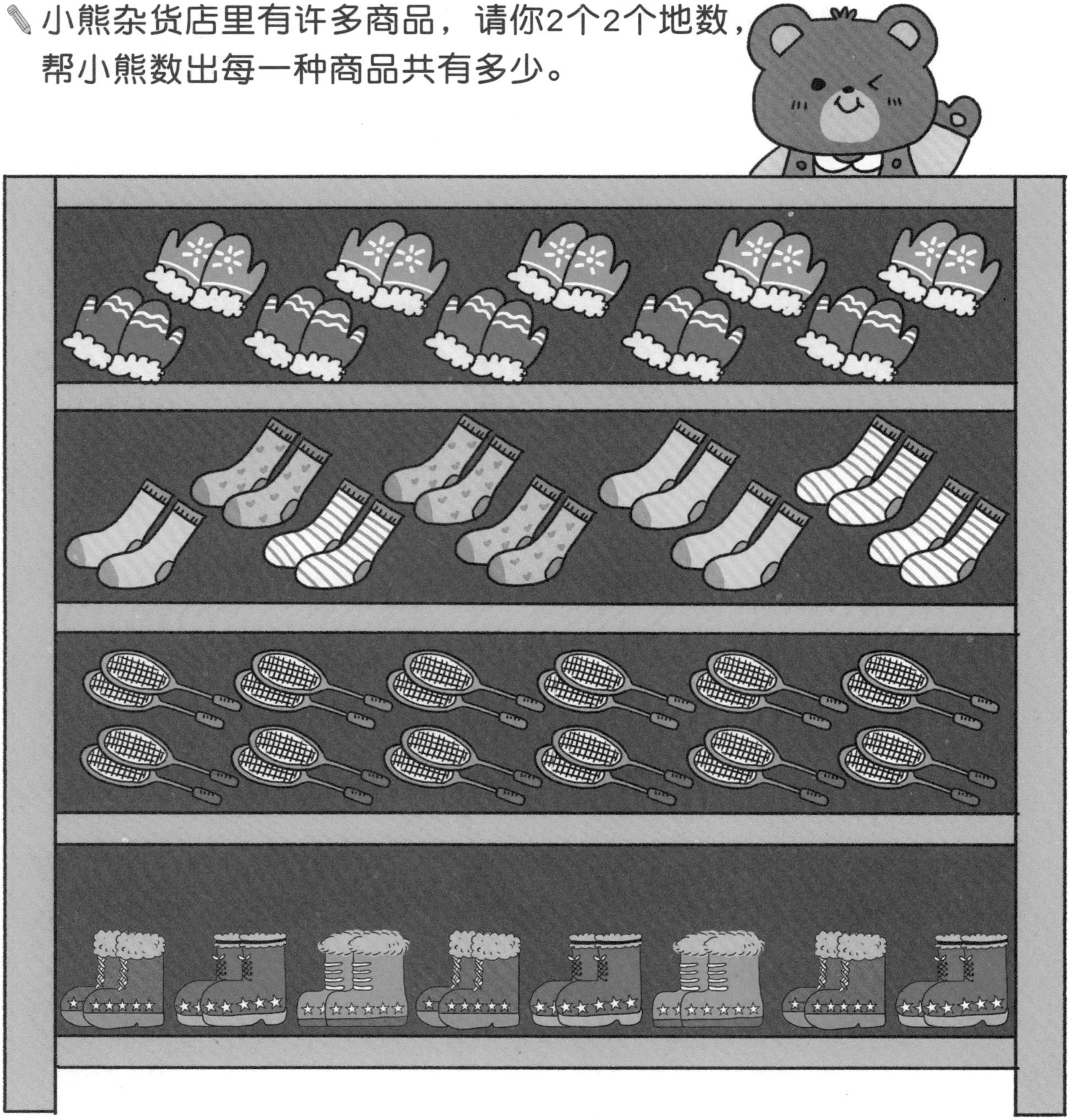

□只

□只

□只

□只

小安妮家的农场里有好多好多只小羊，妈妈要求她必须数完小羊的只数才能去玩。可是，如果一只一只地数，实在是太麻烦了，你能帮她找到快速数羊的方法吗？数一数：一共有多少只小羊呢？

小安妮应该________地数羊比较快捷，一共有____只小羊。

小朋友们一起玩猜一猜的游戏，每个人伸出一只手，数一数：有几根手指？猜猜看：每一组有几根手指，几只手？

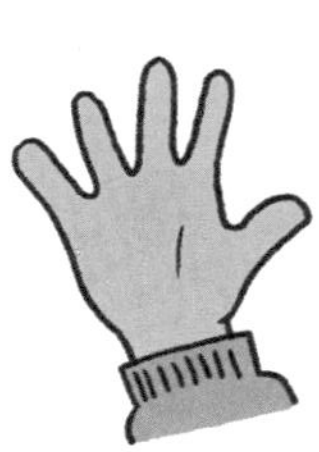

____根手指
____只手

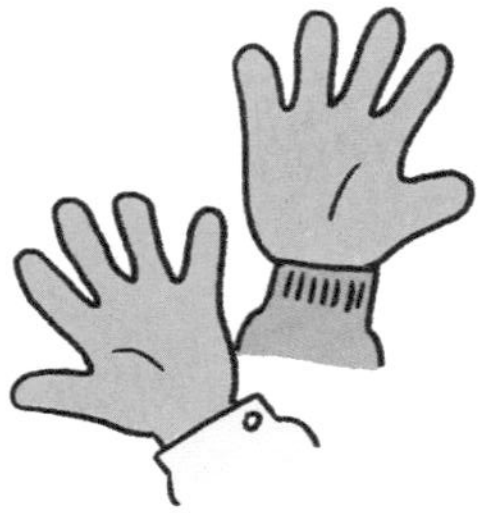

____根手指
____只手

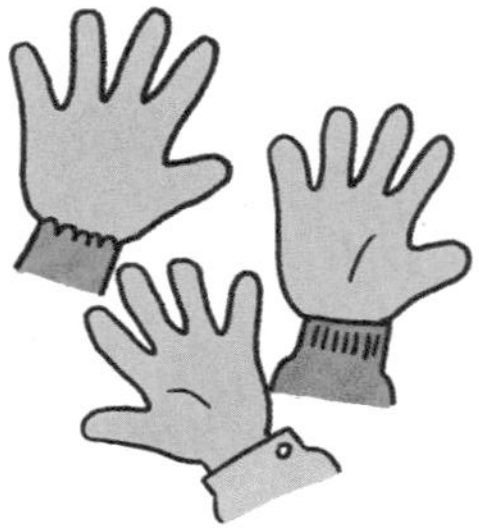

____根手指
____只手

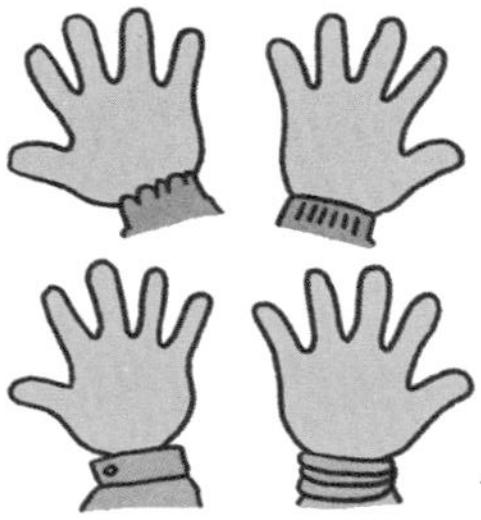

____根手指
____只手

露西今天和妈妈一起大扫除，她发现原来家里有这么多同类的物品。快来帮露西数一数每类物品有多少，照样子写一写。

椅子：1 × 4 = 4（把）　　筷子：___×___=___（根）

门口的拖鞋：___×___=___（只）　　苹果：___×___=___（个）

小朋友们最喜欢坐小火车了，快来算一算，哪辆小火车装的人最多。在□里面画“√”。

□

□

□

选一选，每组中右边的哪幅图是左图的一半，请在正确的□里面画“√”。

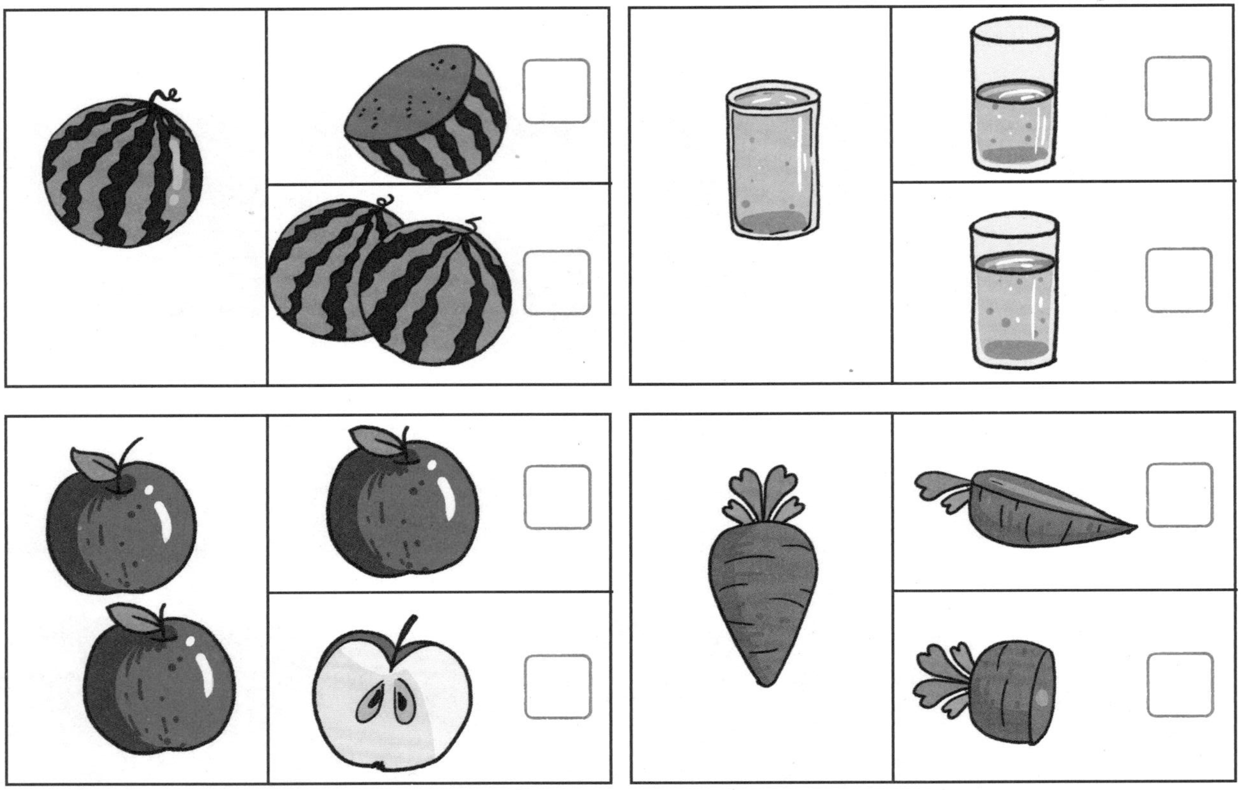

熊妈妈让小熊去拍照，糊涂的小熊却只拍了图形的一半。你能根据上面一排的照片找出小熊拍的是哪个图形吗？请你连一连。

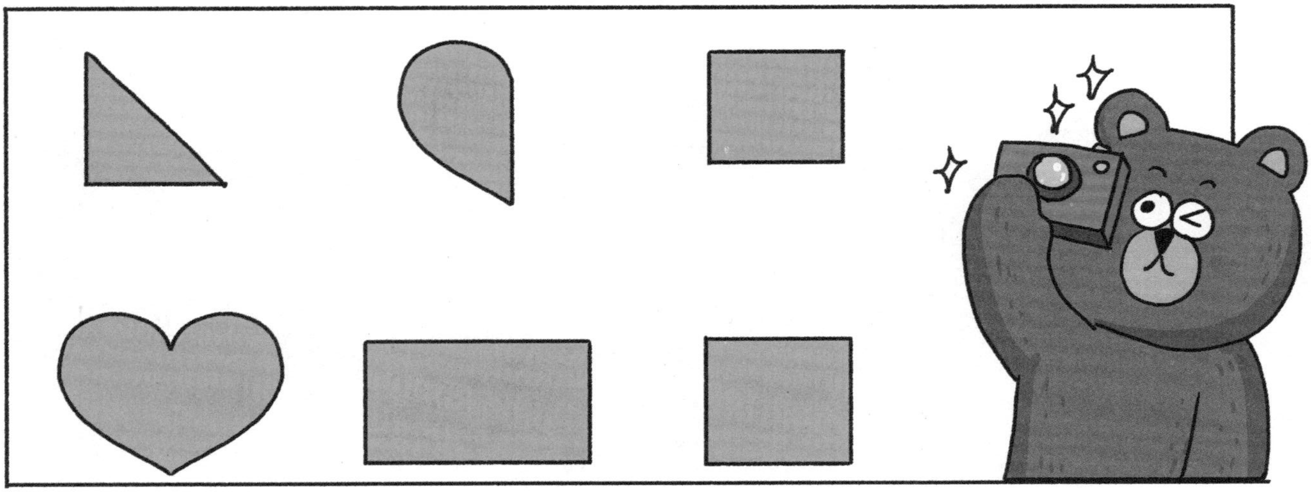

请给每个物体的一半涂色。

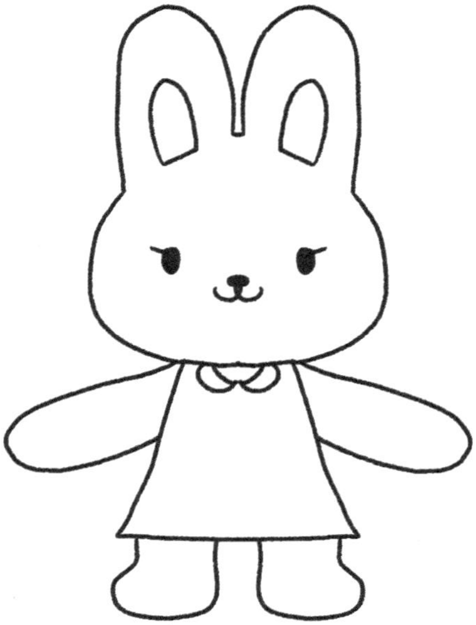

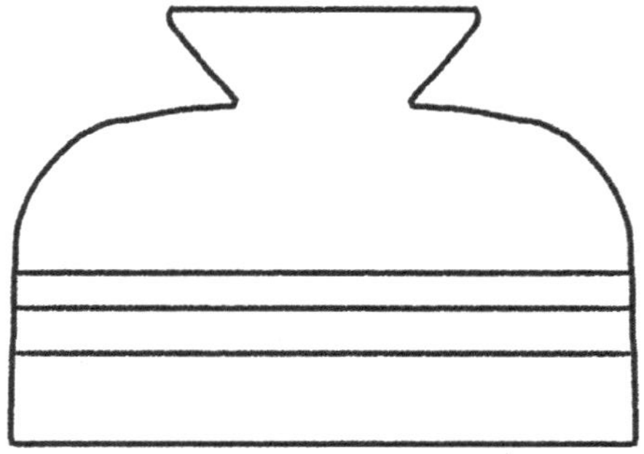

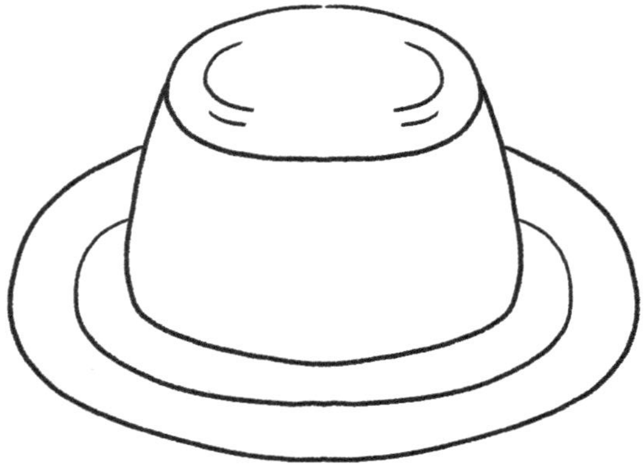

请你试着用笔画一画，用不同方法将下面的纸张分成相同的两半，并将其中一半涂上你喜欢的颜色。

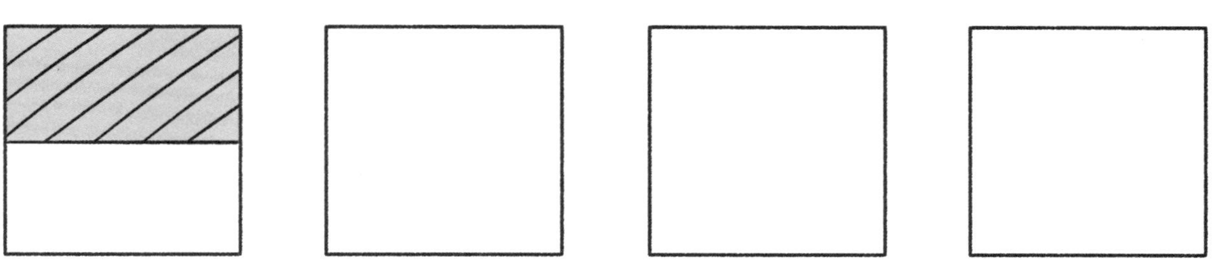

马上就要下雨了，一只小蚂蚁每次只能运走3粒大米。请你帮小蚂蚁先数一数草地上一共有多少粒大米，然后把大米3粒3粒地圈出来，再回答问题。 ____÷_3_=____（次）

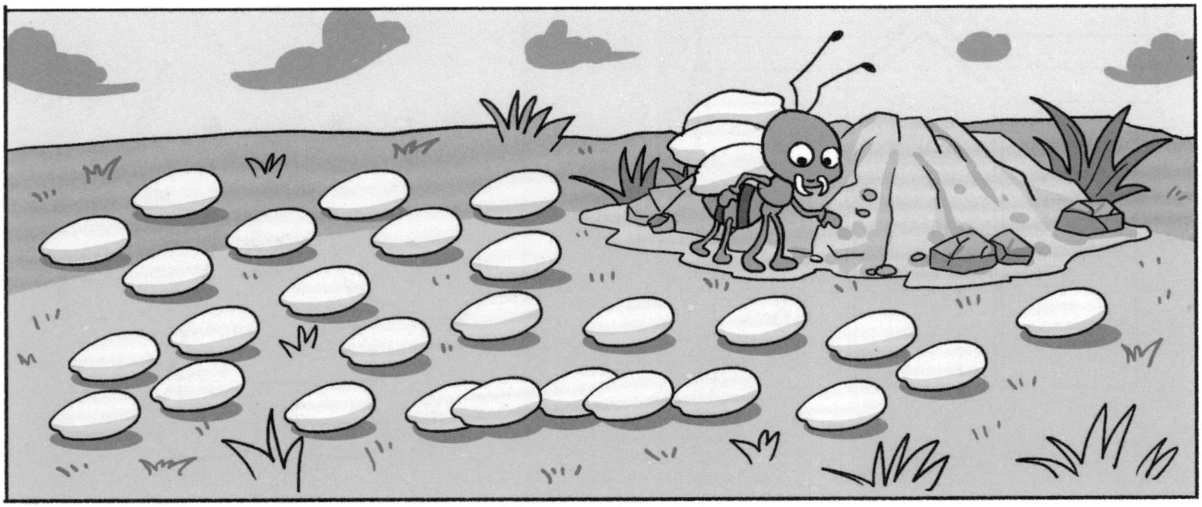

小刺猬采摘来好多山楂，每5颗山楂可以串一串糖葫芦。请你帮小刺猬算一算，每组盘子里的山楂可以串几串糖葫芦，请在右边空白处画出来，并完成算式。

5÷5=1（串）

____÷____=____（串）

____÷____=____（串）

马克和妈妈去超市买鸡蛋，需要自己选择打包盒来打包。马克的妈妈买了24个鸡蛋，如果选以下规格的打包盒，每种需要几个？请你帮马克连一连。

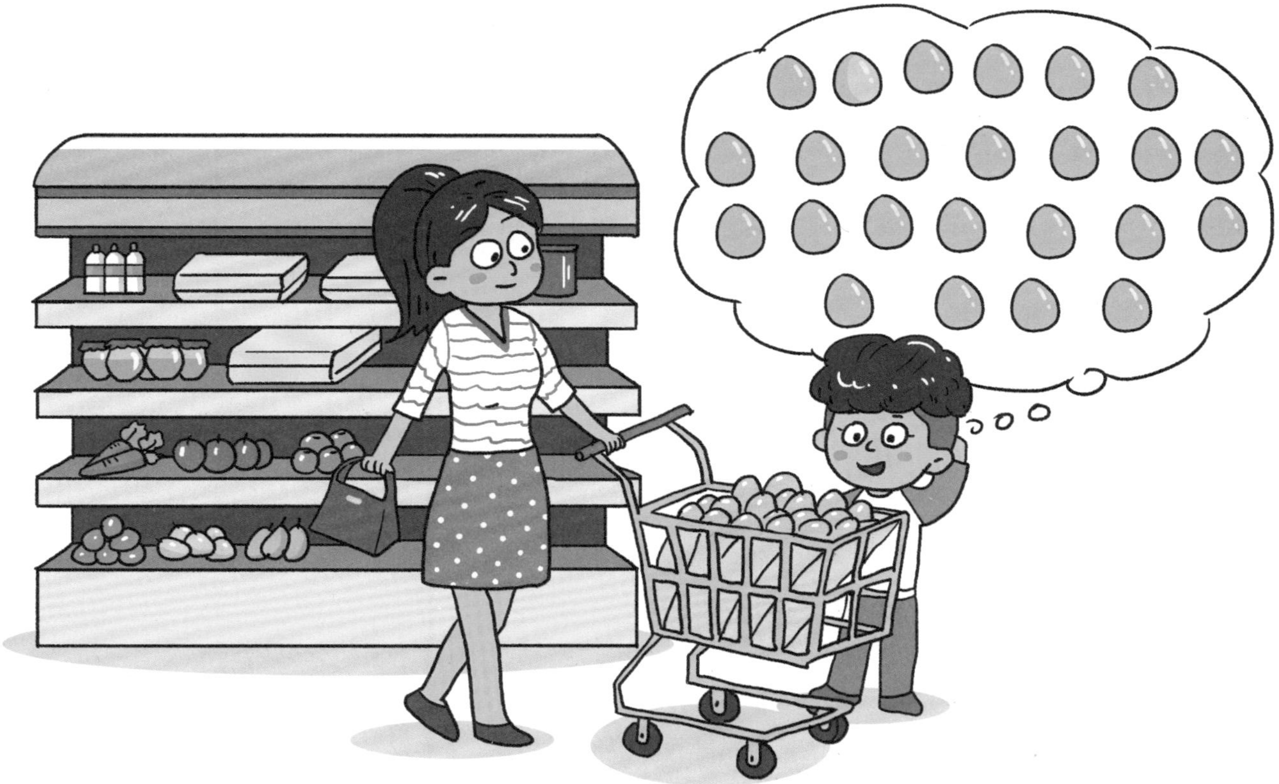

2 个盒子　　3 个盒子　　6 个盒子　　4 个盒子

对应图画书《地球日，万岁》

熊大叔的甜品店推出一款新的点心，这款点心非常受小镇上的居民喜欢，大家纷纷前来购买。狐狸大婶买了3袋，10块点心装一盒，10盒装一袋。加上赠送的，狐狸大婶一共有多少块点心？

这6块是赠送的哟。

狐狸大婶又来买糖果了！快来帮狐狸大婶数一数有多少块糖果，将正确的数字与图画连线。

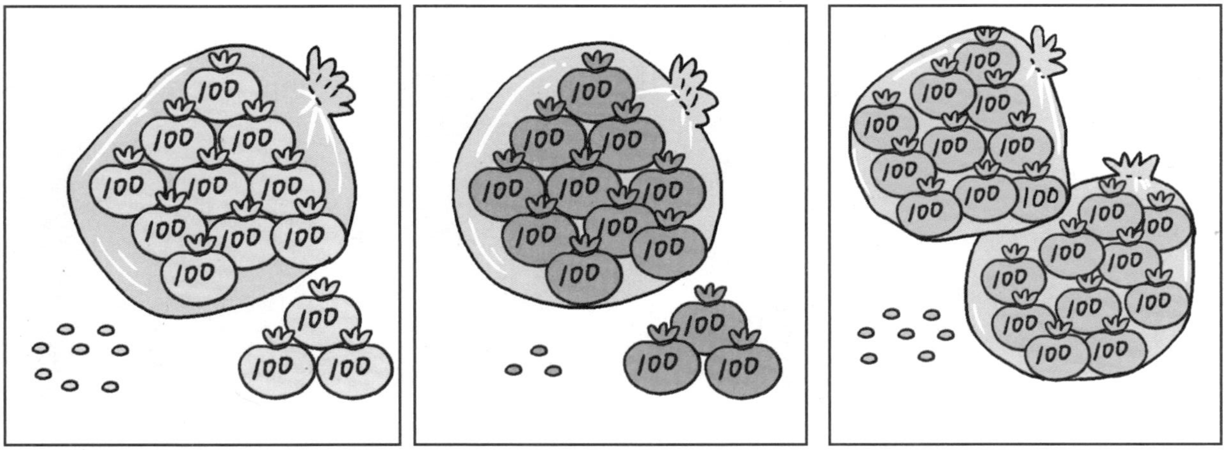
100

1303　　2007　　1308

西格、布利克斯和尼利亚去游乐场玩射击游戏。请根据大家的射击成绩，填一填小朋友的得分。

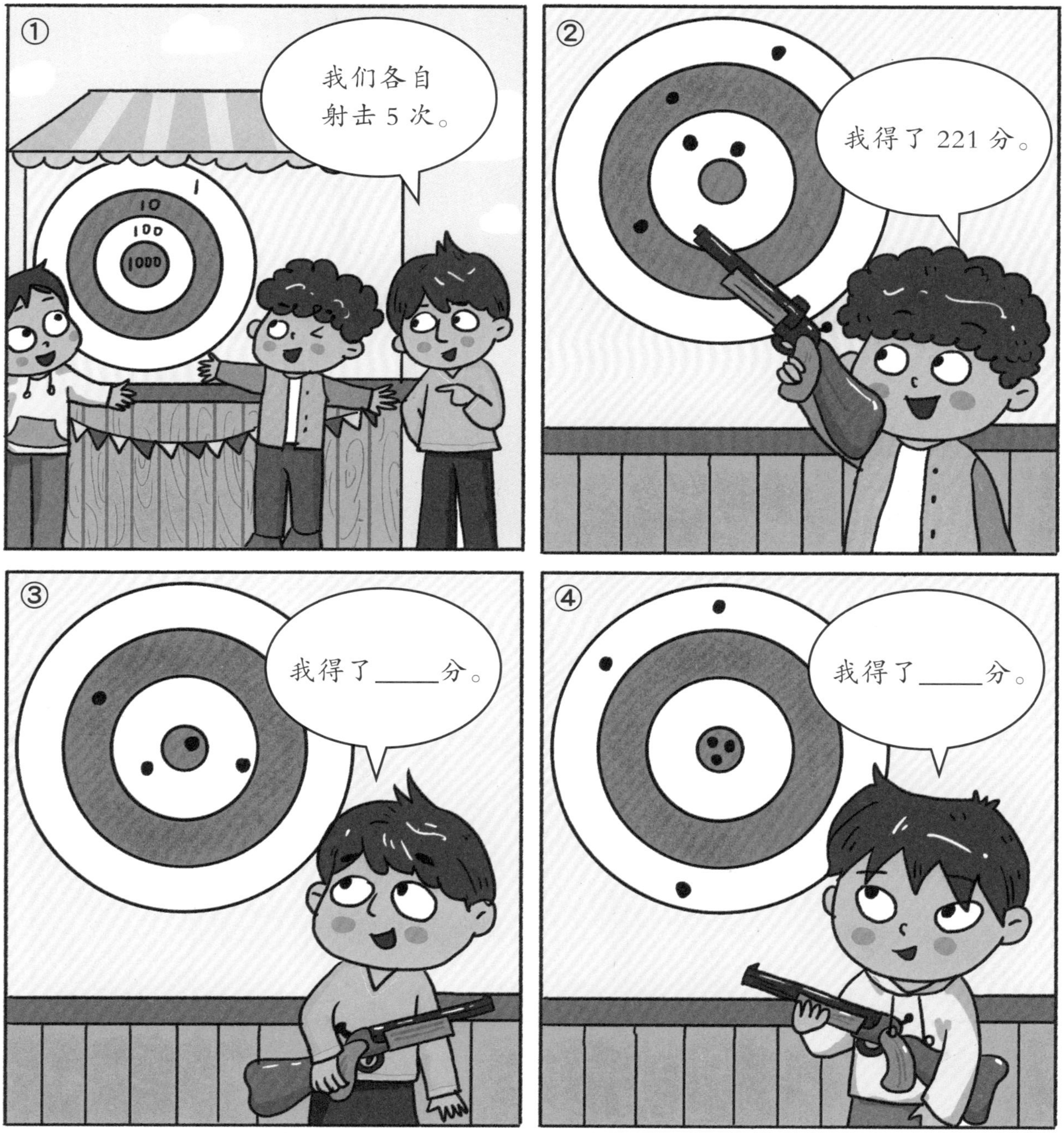
①
10
100
1000
1
我们各自射击 5 次。
②
我得了 221 分。
③
我得了_____分。
④
我得了_____分。

吉姆正在和安妮比赛谁在一分钟内完成的事情多。请你找一个计时器来试一试，一分钟能画出多少颗“☆”吧。

我一分钟跳绳能跳110下。
我一分钟能画75个三角形的图案。

麦克打算一分钟干完一件事，请你想一想：下面哪一件事不能在一分钟内完成？请在对应的□里画“√”。

Play me who
dance sing
read what
can fly
it

A. 吃两块草莓饼干　B. 把被子叠好　C. 写10个英语单词　D. 跑800米

□　□　□　□

今天是开学第一天，安东尼和安迪一大早都好忙。请观察他们各自的时间线段图，1个刻度代表1分钟，请把他们做每件事情所用的时间写下来。

安东尼

□分钟　□分钟　□分钟　□分钟

安迪

□分钟　□分钟　□分钟　□分钟

请你将安东尼的时间线段图补充完整。

一共用了□分钟。

手工课上，小朋友们打算为妈妈亲手做一条美丽的手链，作为母亲节礼物。请你仔细观察，帮他们把缺失的珠子画出来，并涂上正确的颜色。

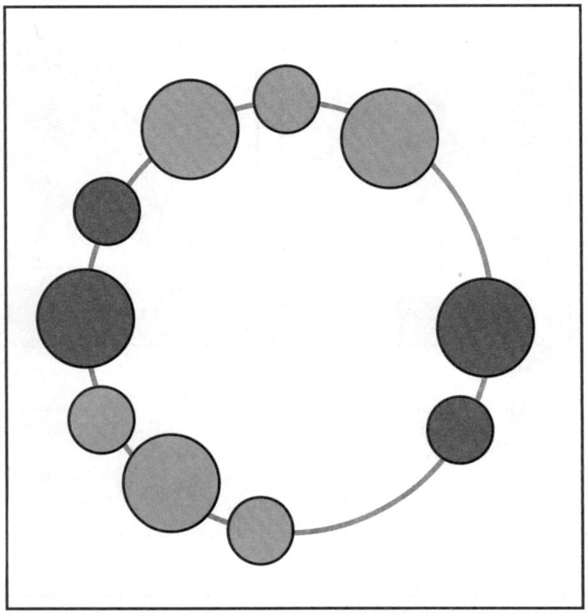

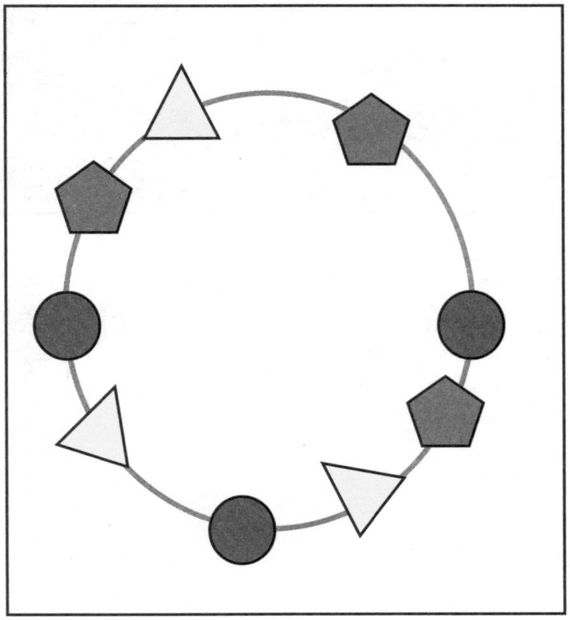

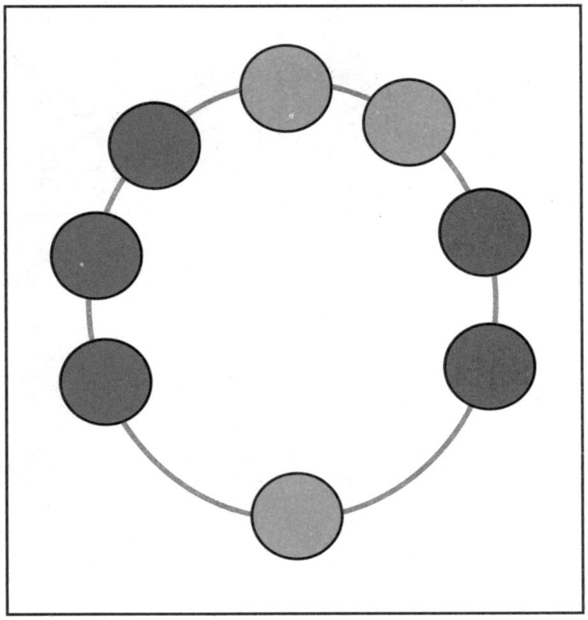

马克来到了神奇的怪兽王国，发现每扇大门都需要密码才能打开。请你仔细观察，帮助马克找出正确的密码。

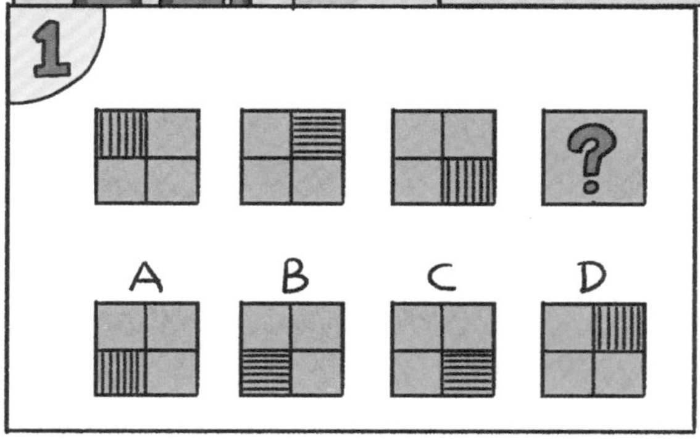

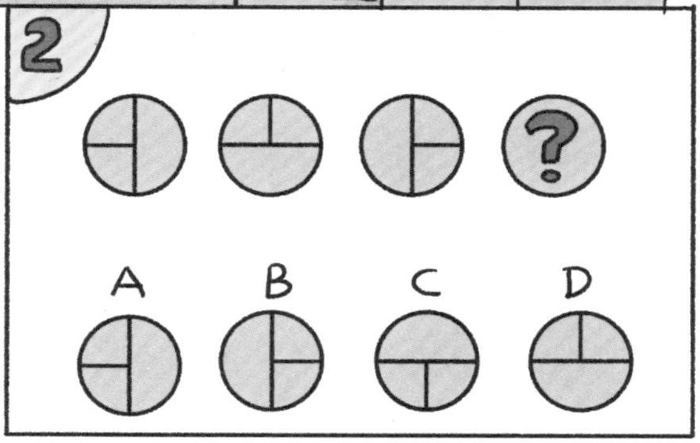

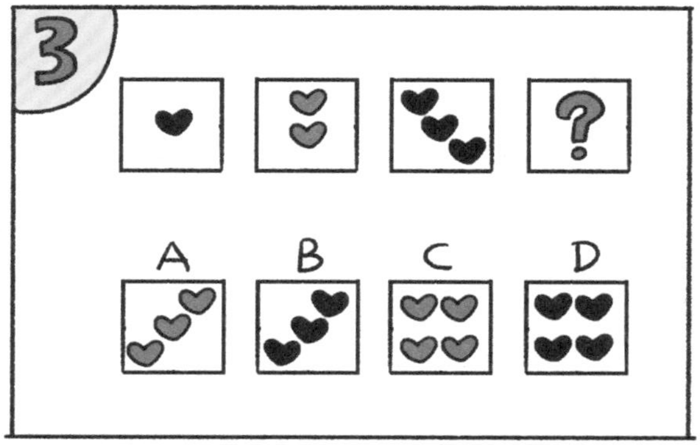

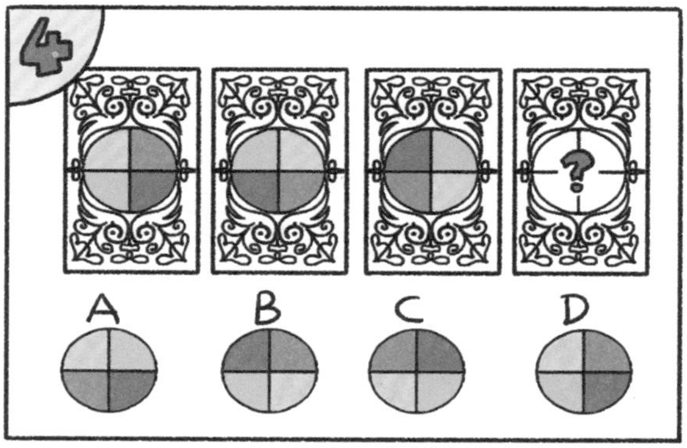

对应图画书《谁猜得对》

冬天马上就要到了，小蚂蚁储藏了好多好多的食物，准备过冬。请你照样子圈一圈，帮小蚂蚁估一估每一种食物的数量，并在□内填上大概的数字。

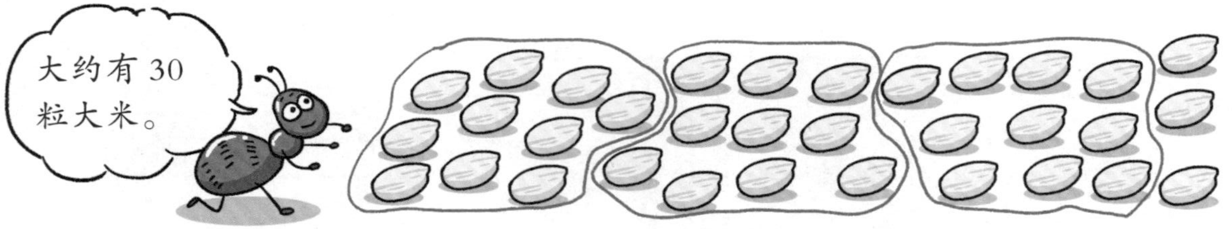

30 多颗

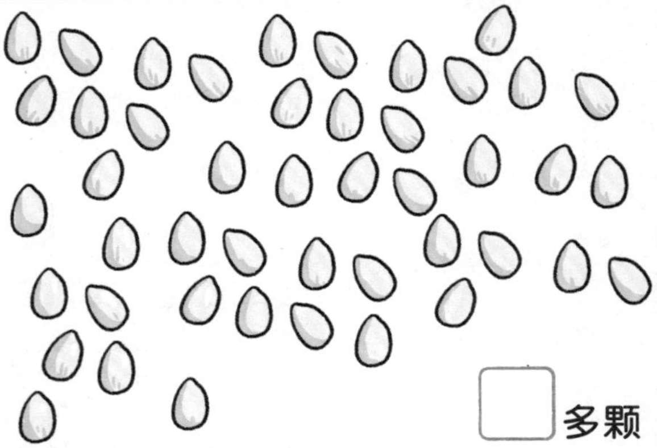

□多颗

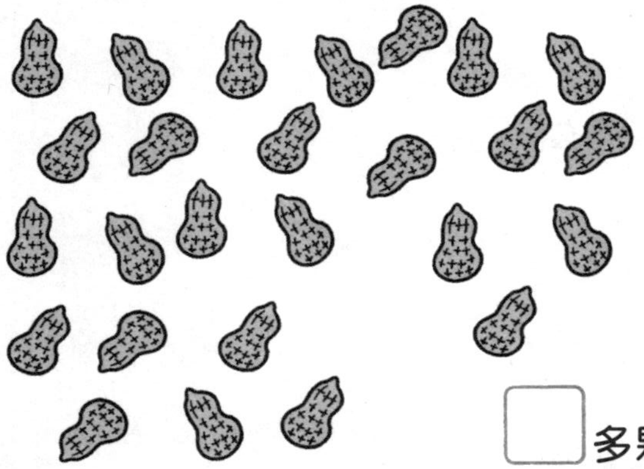

□多颗

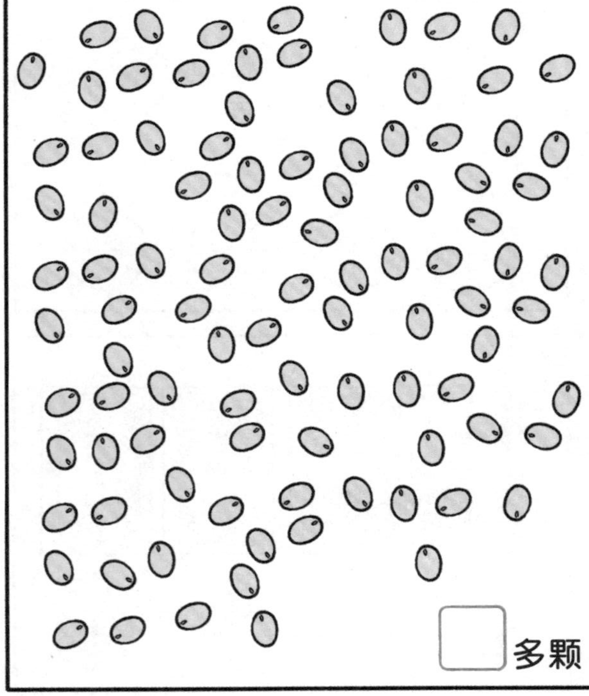

□多颗

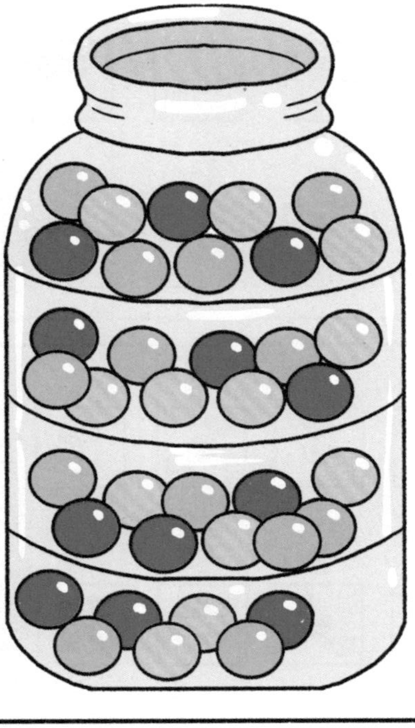

□多颗

✎ 安迪学校的合唱团正在为学校音乐节做开幕表演，请你圈一圈，估一估，合唱团里一共有多少位小演员。

我估计一共有 ☐ 多位小演员。

✎ 图书馆的朱迪老师正在整理图书，请你帮朱迪老师估一估，书架上大约有多少本书。

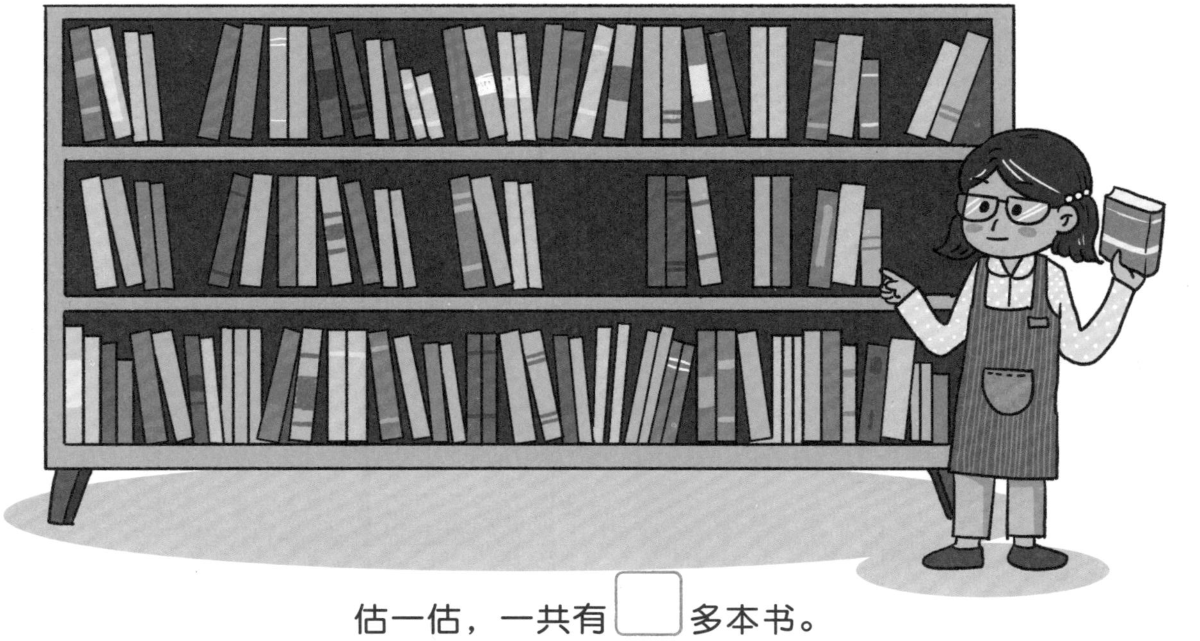

估一估，一共有 ☐ 多本书。

小蝌蚪必须沿着得数是24的路线走才能找到自己的妈妈，请为它们找到最佳路线吧。

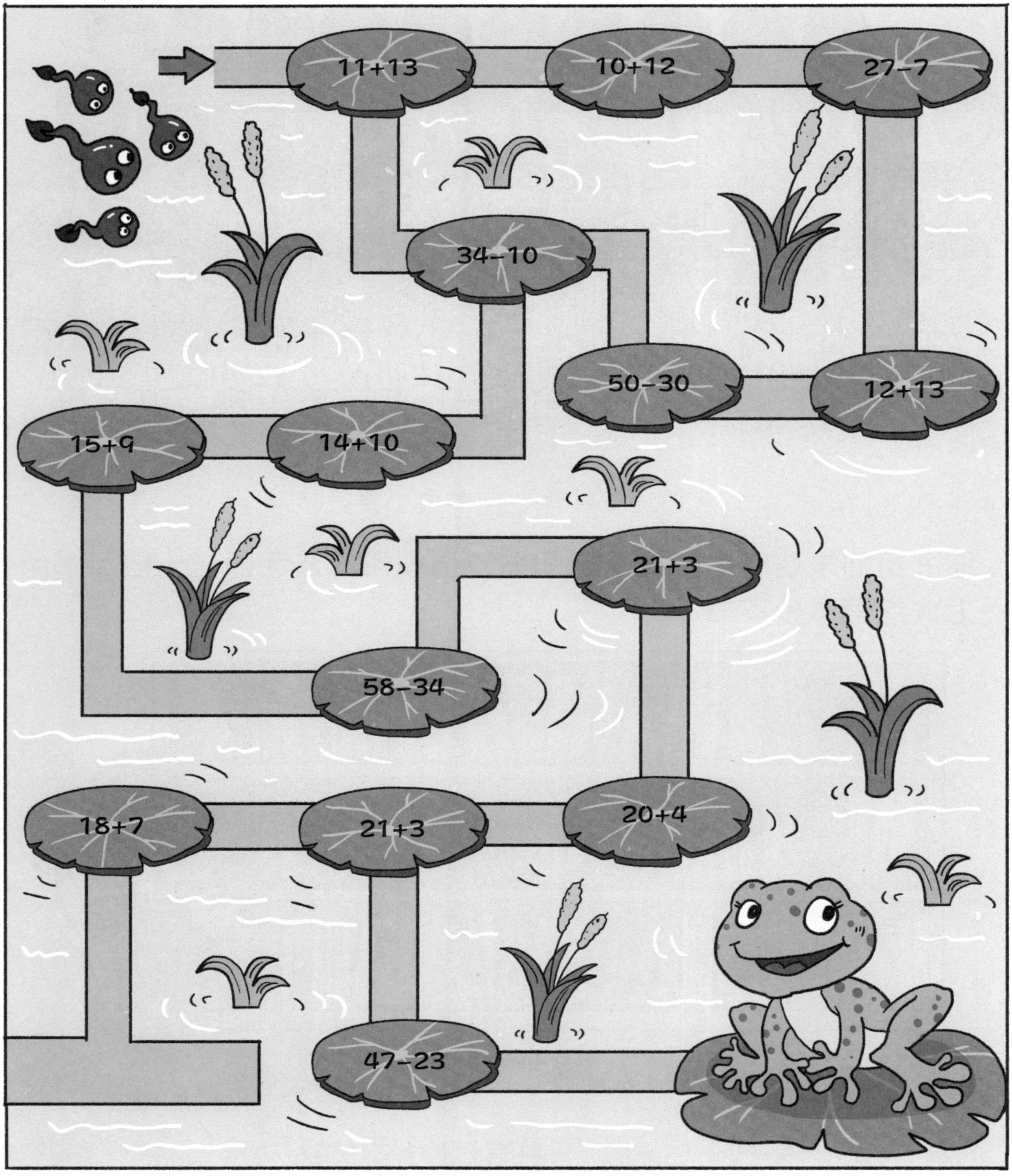

动物园里美丽的孔雀正在开屏，请你在孔雀的羽毛上写出更多得数为32的算式。

32
40−8
30+2

秋天到了，小朋友们需要乘坐巴士去秋游。请按照算式的结果为小朋友们找到对应的巴士，将小朋友与巴士连起来。

15
17
7+8
9+8
20−5
38−21
6+9
20−3

小猫在河边钓鱼，河里的鱼身上都有算式。请算一算：鱼被小猫钓上去以后，应该放到哪个桶里呢？请连一连吧。

比50大
比50小
22+29
45-27
67-11
80-29
12+18
64-15
12+40
19+11

小动物们在比较体重，请你根据它们身上的体重算式，用“＞”“＜”或“＝”表示谁轻谁重。

示例
25+14
<
25+41

35+6
6+35

76-12
76+12

60-14
60-41

世界地球日就要到了，安迪和乔什打算回收废旧电池，他们每天记录下各自回收的废旧电池的数量。请你按要求回答下面的问题。

安迪：
周一 39个 周五 41个
周二 40个 周六 40个
周三 35个 周日 40个
周四 45个
乔什：
周一 40个 周五 42个
周二 40个 周六 37个
周三 40个 周日 38个
周四 40个

① 请你先帮安迪完成以下统计表格。

日期	周一	周二	周三	周四	周五	周六	周日
安迪							
乔什							

② 如果不用计算，你能得出谁收集的废旧电池多一些吗？你是怎么知道的？

吹泡泡，算算数，请你按照示例，把答案填在○里。

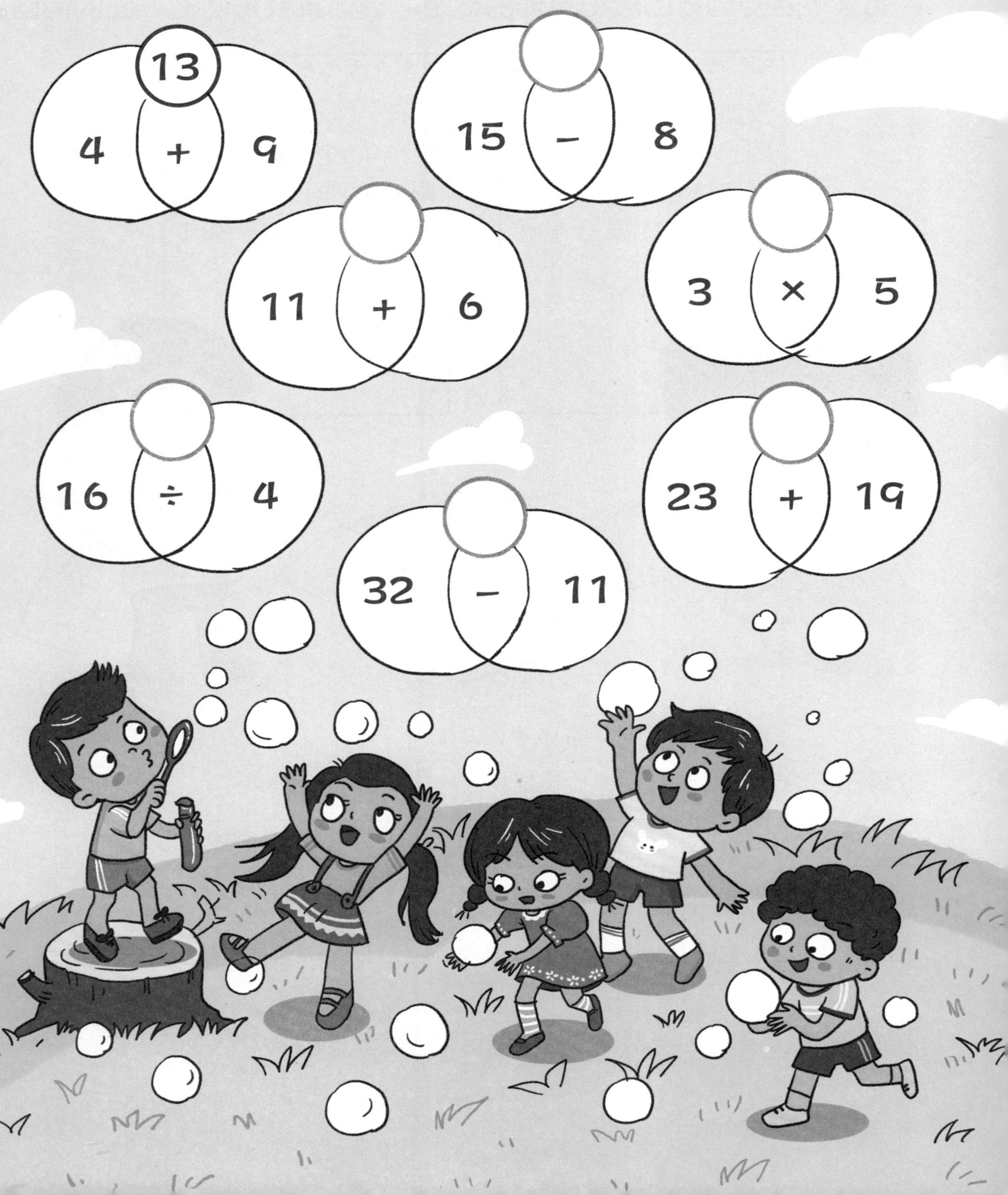

下表中每个算式都对应一个汉字，在这些汉字中隐藏着一个成语。请算出每个算式的结果，然后从左向右，将结果是3的倍数的算式所对应的汉字依次找出来，并组成成语。

32-3 一	9+6 乐	13+28 诺	4×7 开	12÷6 天
0+23 百	21-7 千	18÷6 在	17+17 疲	42-16 不
7×5 为	2×9 其	4+10 金	36÷9 此	42÷7 中

成语是：□□□□

鲍勃是镇上有名的裁缝，他做衣服又快又时尚。星星合唱团要参加音乐节，邀请鲍勃给小演员们制作演出服。

① 做一套裤装演出服需要2米布，做一套裙装演出服需要3米布，星星合唱团一共有8名男孩、7名女孩。鲍勃店里一共有50米布，这些布足够给合唱团的每一位小演员制作一套演出服吗？如果够的话，还剩多少米布？

②鲍勃打算用剩余的布给合唱团的西文老师做一套漂亮的指挥服，需要请西文老师来量一量尺寸。西文老师从学校赶到裁缝店需要5分钟，量尺寸需要8分钟。鲍勃先生跟鲍勃太太约好要6点一起从家里出发去看音乐剧，他赶回家至少需要6分钟。

现在是下午5点40分，请你帮鲍勃先生画一条时间线段，看看他能否准时赶回家。

5:40pm　　　　6:00pm

洛克数学启蒙练习册3-A答案

P2

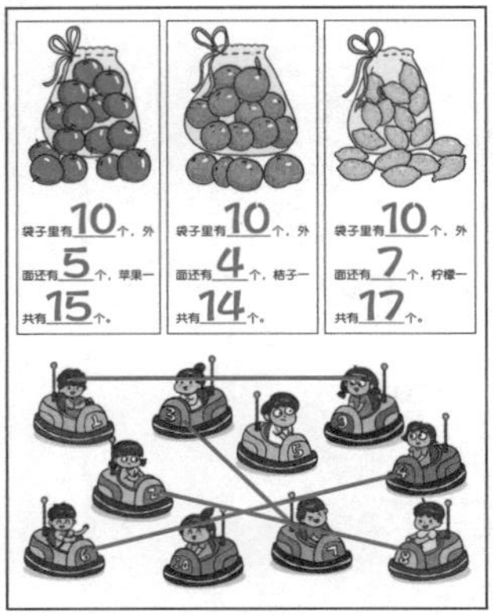

袋子里有10个，外面还有5个，苹果一共有15个。
袋子里有10个，外面还有4个，桔子一共有14个。
袋子里有10个，外面还有7个，柠檬一共有17个。

P3

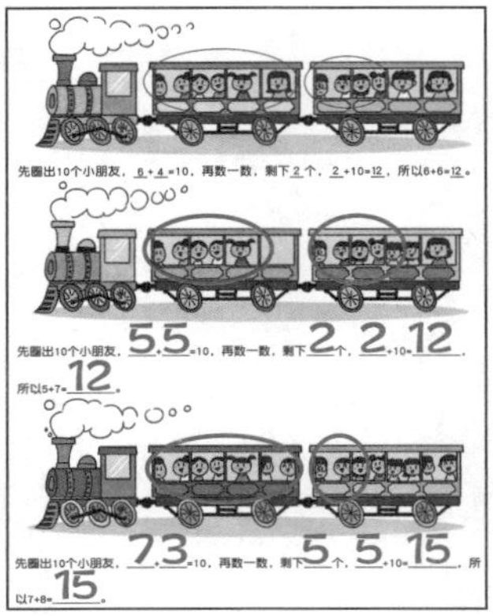

先圈出10个小朋友，6+4=10，再数一数，剩下2个，2+10=12，所以6+6=12。
先圈出10个小朋友，5+5=10，再数一数，剩下2个，2+10=12，所以5+7=12。
先圈出10个小朋友，7+3=10，再数一数，剩下5个，5+10=15，所以7+8=15。

P4

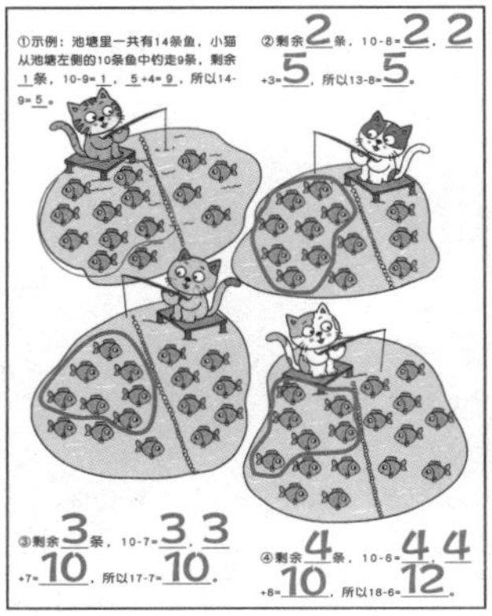

①示例：池塘里一共有14条鱼，小猫从池塘左侧的10条鱼中钓走9条，剩余1条，10-9=1，5+4=9，所以14-9=5。
②剩余2条，10-8=2，2+3=5，所以13-8=5。
③剩余3条，10-7=3，3+7=10，所以17-7=10。
④剩余4条，10-6=4，4+8=12，所以18-6=12。

P5

13-6=7
12-5=7
18-9=9
14-8=6

P6

20只
18只
24只
16只

P7

小安妮应该三只三只地数羊比较快捷，
一共有30只小羊。答案不唯一。
5根手指 1只手
10根手指 2只手
15根手指 3只手
20根手指 4只手

P8

椅子：1×4=4（把）
筷子：2×4=8（根）
门口的拖鞋：2×3=6（只）
苹果：4×3=12（个）

P9

6×4=24
4×6=24
5×5=25

P10

P11

答案不唯一。

P12

27÷3=9（次）
5÷5=1（串）
10÷5=2（串）
15÷5=3（串）

P13

2个盒子
3个盒子
6个盒子
4个盒子

P14

P15

P16

P17

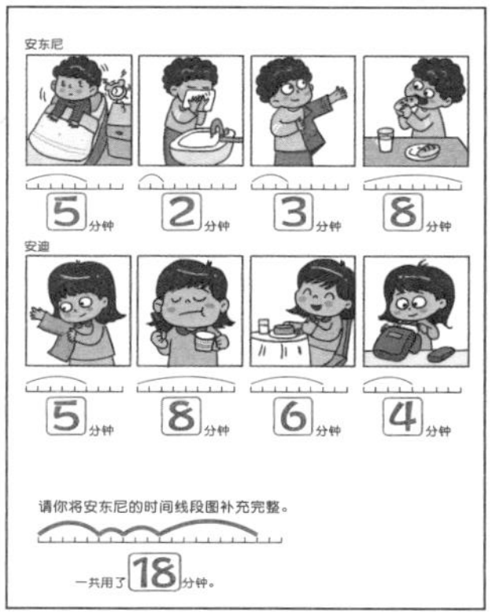

P18

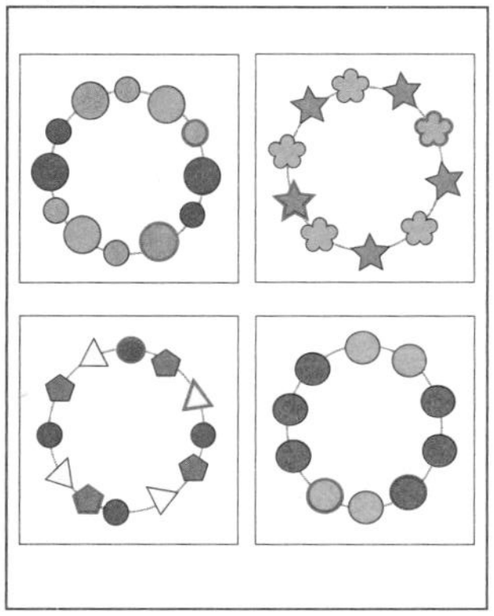

P19

P20

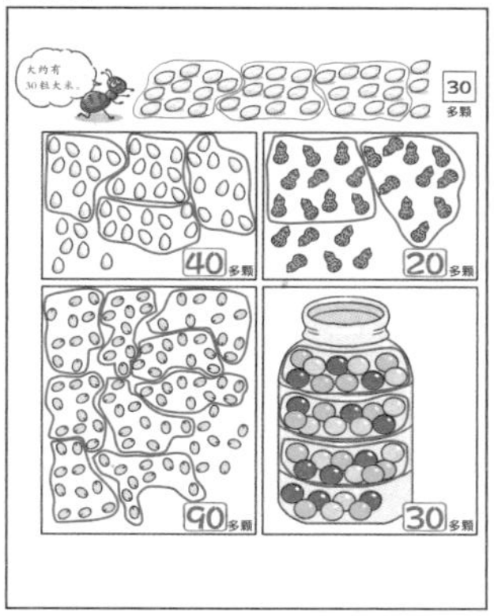

P21

P22

P23

P24

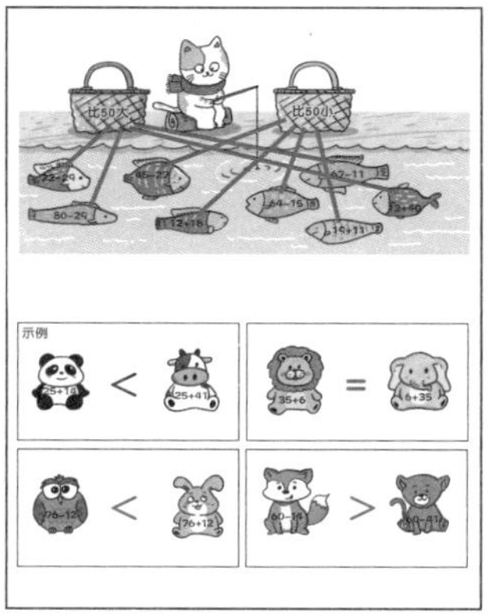

P25

日期	周一	周二	周三	周四	周五	周六	周日
安迪	39	40	35	45	41	40	40
乔什	40	40	40	40	42	37	38

② 如果不用计算，你能得出谁收集的废旧电池多一些吗？你是怎么知道的？

安迪。通过比较估算出来的。

P26

P27

32-3 一29	9+6 乐15	13+28 诺41	4×7 开28	12÷6 天2
0+23 百23	21-7 千14	18÷6 在3	17+17 疲34	42-16 不26
7×5 为35	2×9 其18	4+10 金14	36÷9 此4	42÷7 中6

成语是：乐在其中

P28

①2×8=16（米） 足够。
②3×7=21（米） 还剩13米。
③16+21=37（米）
④50−37=13（米）

P29

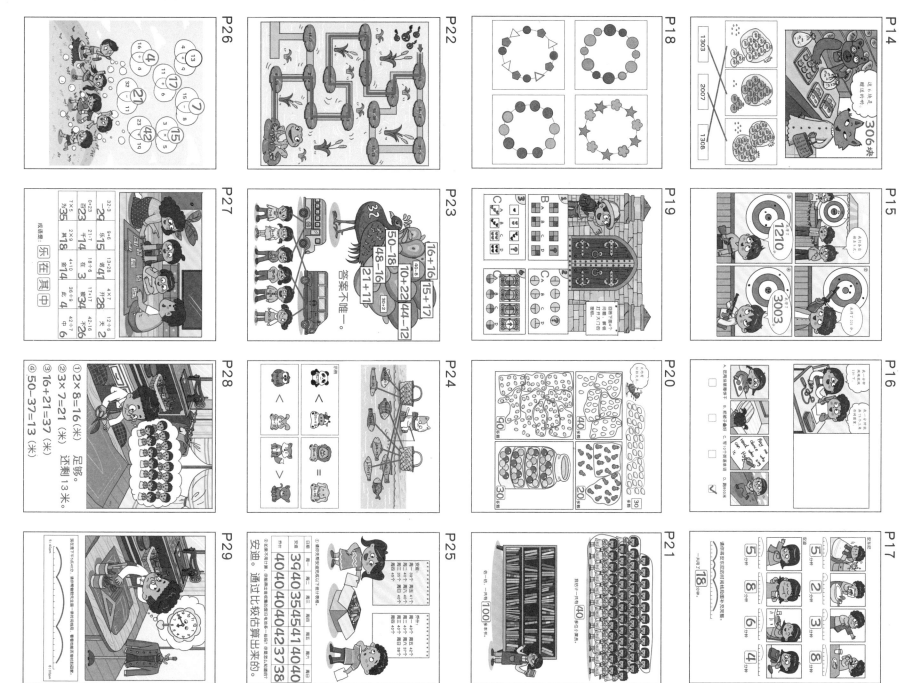

MathStart®
洛克数学启蒙

3-B

洛克数学启蒙

练习册

洛克博克童书 策划　陈晓娟 编写　懂懂鸭 绘

请你10个10个地圈，将数字写在____上，再比一比哪边数目更大。

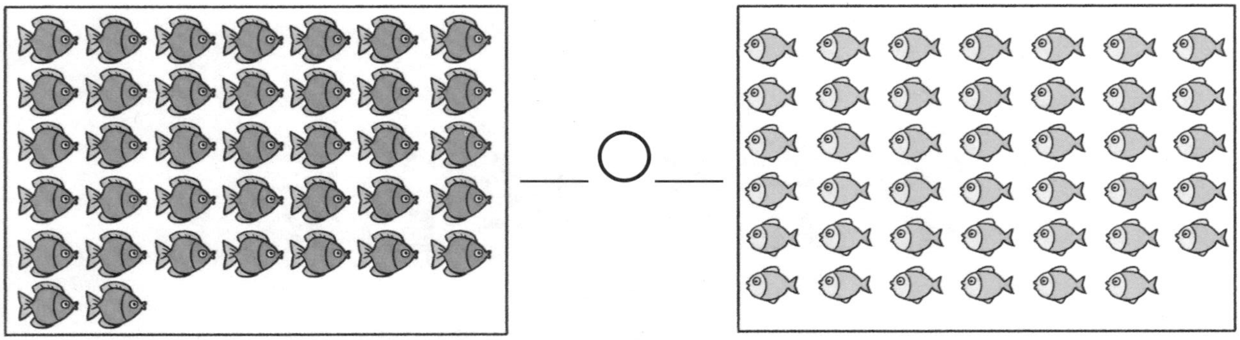

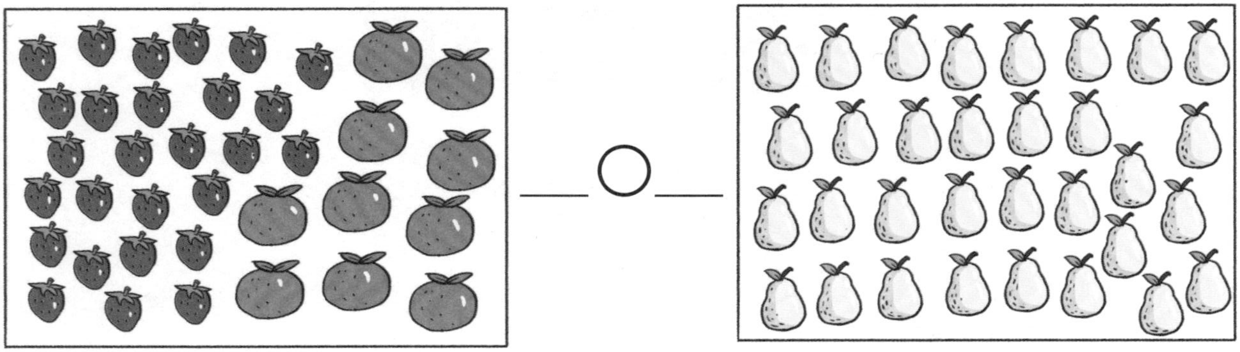

图中是两只贪吃毛毛虫，请你在□里填上正确的数字。

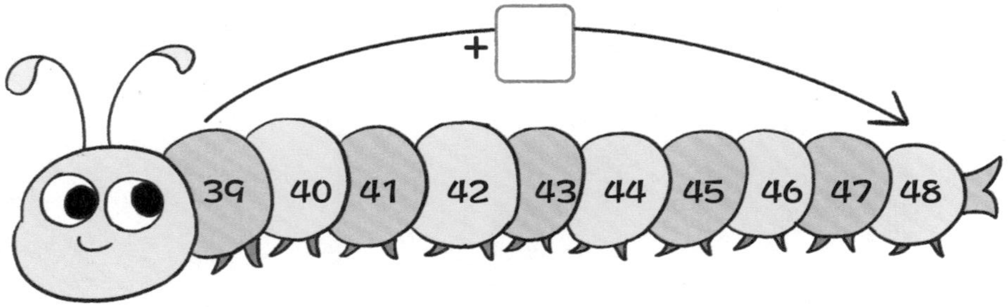

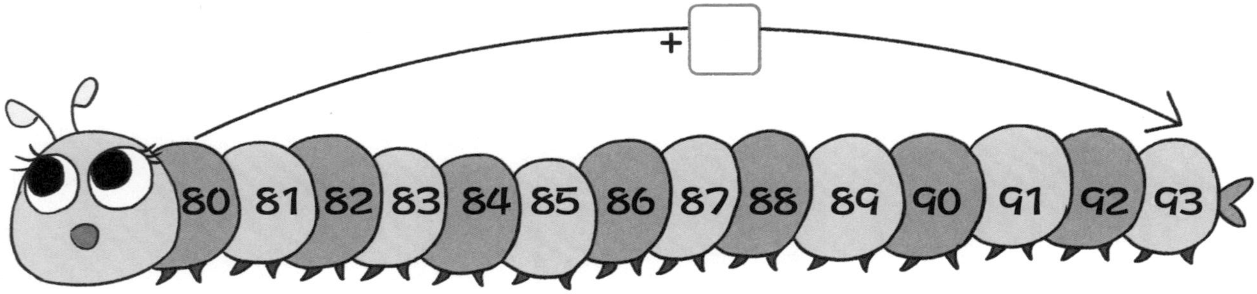

安迪跟妈妈一起去超市大采购，买了很多商品，快来帮她数一数，填入正确的数字吧。

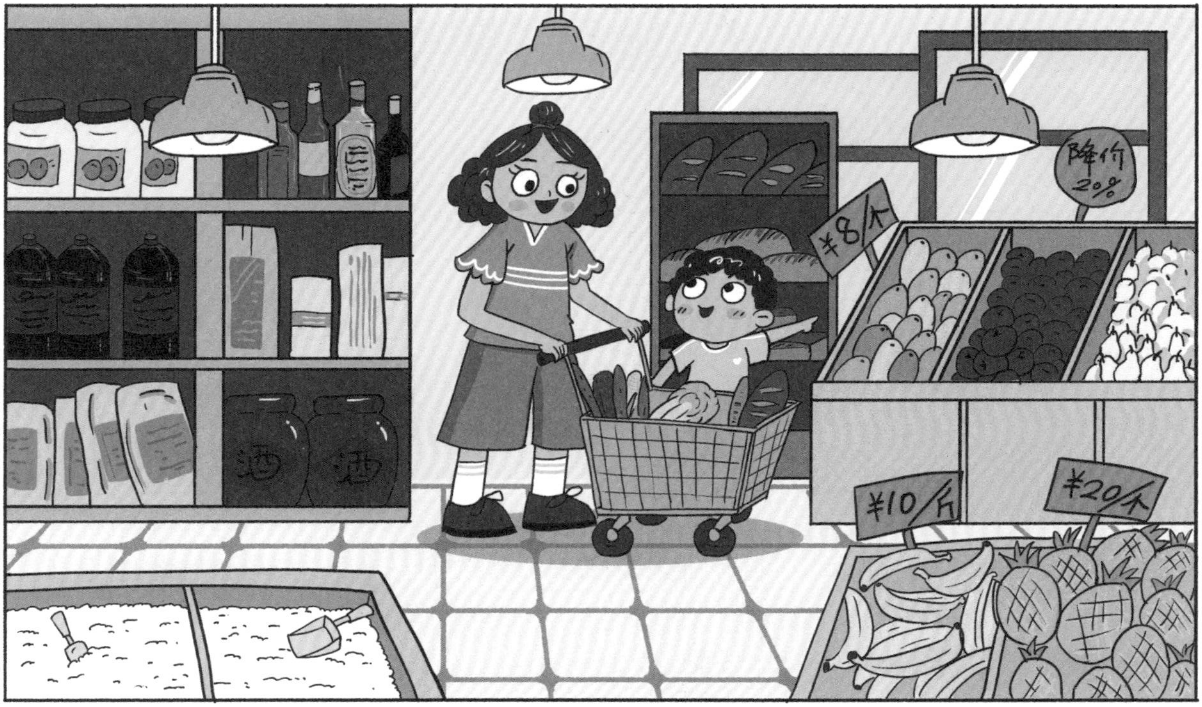

一共有____根火腿肠。

一共有____支铅笔。

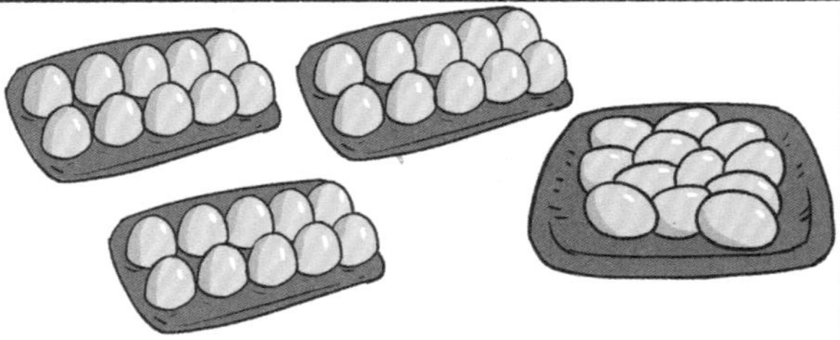

一共有____个鸡蛋。

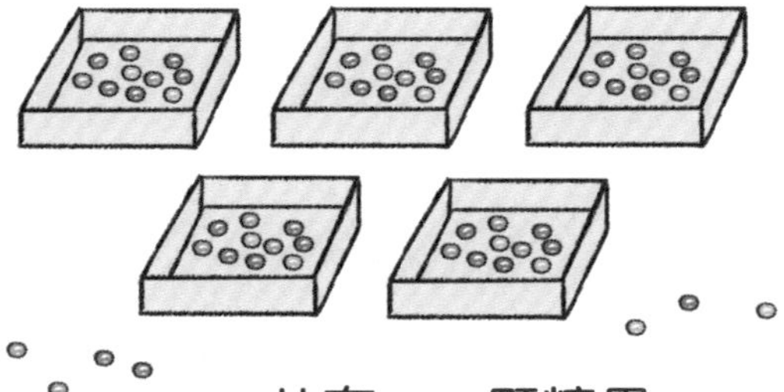

一共有____颗糖果。

咚咚买了好多可爱的贴纸，打算分给小朋友。请你帮咚咚数一数，咚咚还剩多少张贴纸，请在____上填写正确的数。

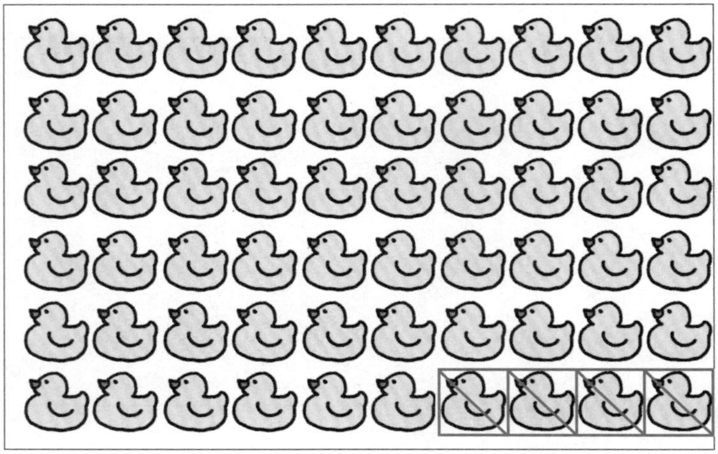

60-4=____（张）

30-10=____（张）

毛毛虫正在做减法，请你帮毛毛虫在□内填上正确的数字。

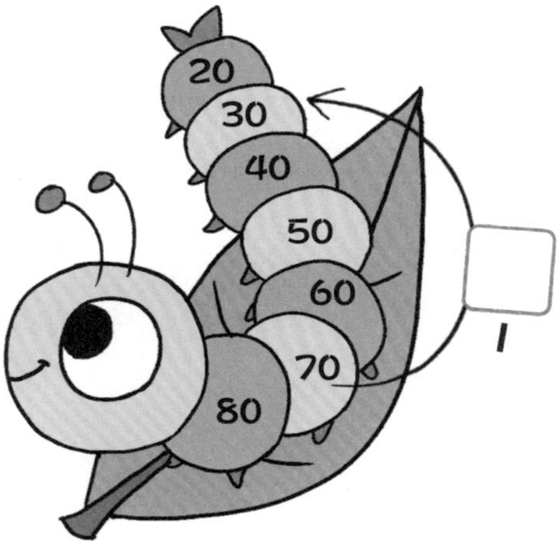

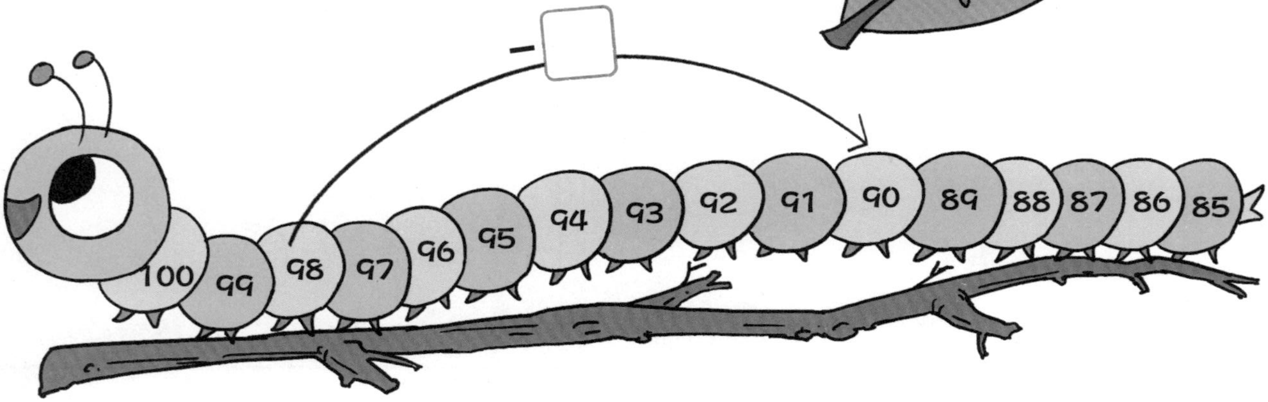

赛车大冲刺，请你填上正确的数字，帮小熊穿越障碍物，快速到达终点吧。

对应图画书《跳跳猴的游行》

✎哪些数字是2的倍数？请把它们按从小到大的顺序依次连起来，看看会形成什么图形。

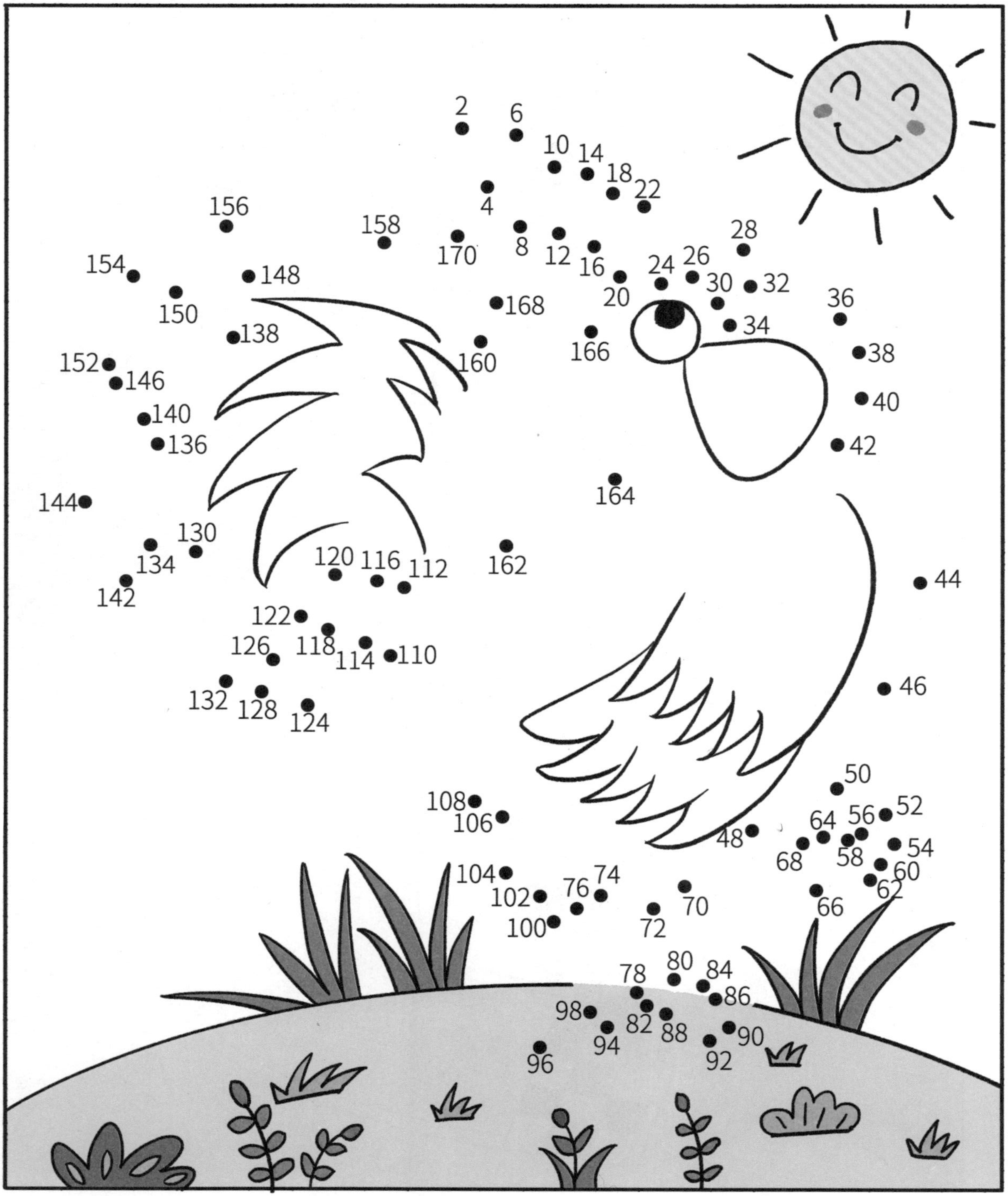

秋天来了，森林里飘落下来好多美丽的落叶。数一数，算一算，将不同叶片与对应的数量连起来。

21

28

24

对应图画书《袋鼠专属任务》

在下面4幅图里，每只小动物都拥有一些水果或蔬菜，谁的多谁的少？请按示例分别在小动物手中的卡片上填上算式，然后在方格里写上“>”或“<”。

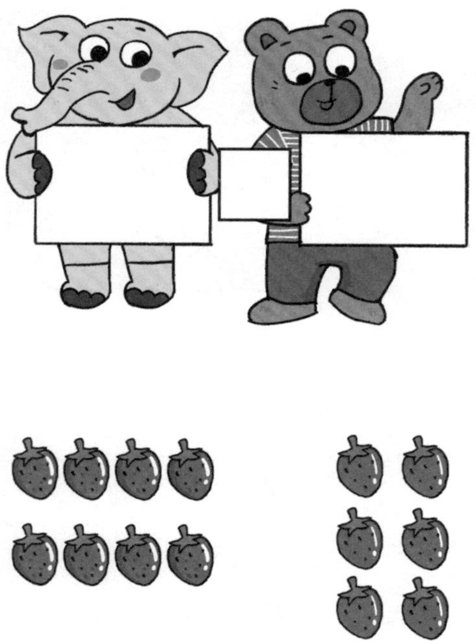

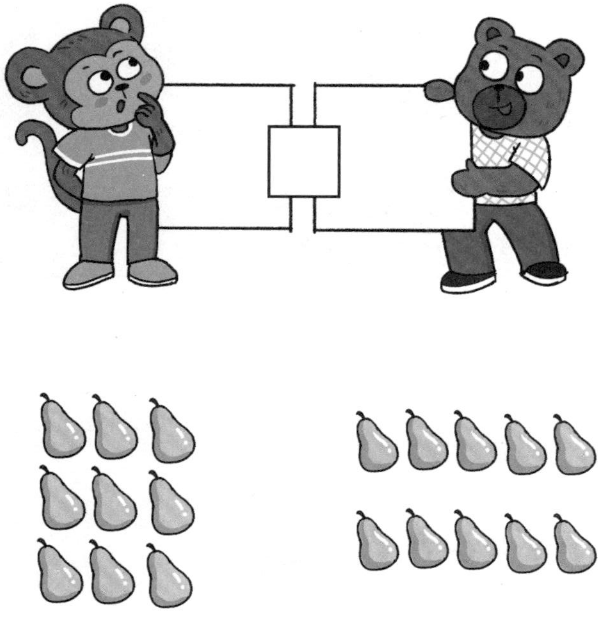

小熊在迷宫里迷路了，请你仔细观察，想一想下面的算式有什么规律，帮小熊尽快走出迷宫吧。

吃比萨，每只小动物要分得一样多，小熊能分到多大的比萨？
请你帮小熊连一连。

活动课大家要一起做游戏，每个游戏都要均分组员，请你帮安迪分一分。

示例：

平均分成__2__组，每组__6__人，占总人数的$\frac{1}{2}$。

平均分成___组，每组___人，占总人数的___。

平均分成___组，每组___人，占总人数的___。

平均分成___组，每组___人，占总人数的___。

小动物们在进行计算比赛，有的小动物算对了，有的小动物算错了。请你把算错的小动物圈出来，并帮它改正。

请你根据动物们的提示，猜猜它们的年龄。

我今年6岁，我的年龄是小兔子的3倍。
我的年龄是小猴子的4倍，是小熊的8倍。

小兔子的年龄是___岁，小熊的年龄是___岁。

赛车比赛马上就要开始了，请你计算每一辆赛车车身上的算式，将它的答案与对应的赛道连在一起。

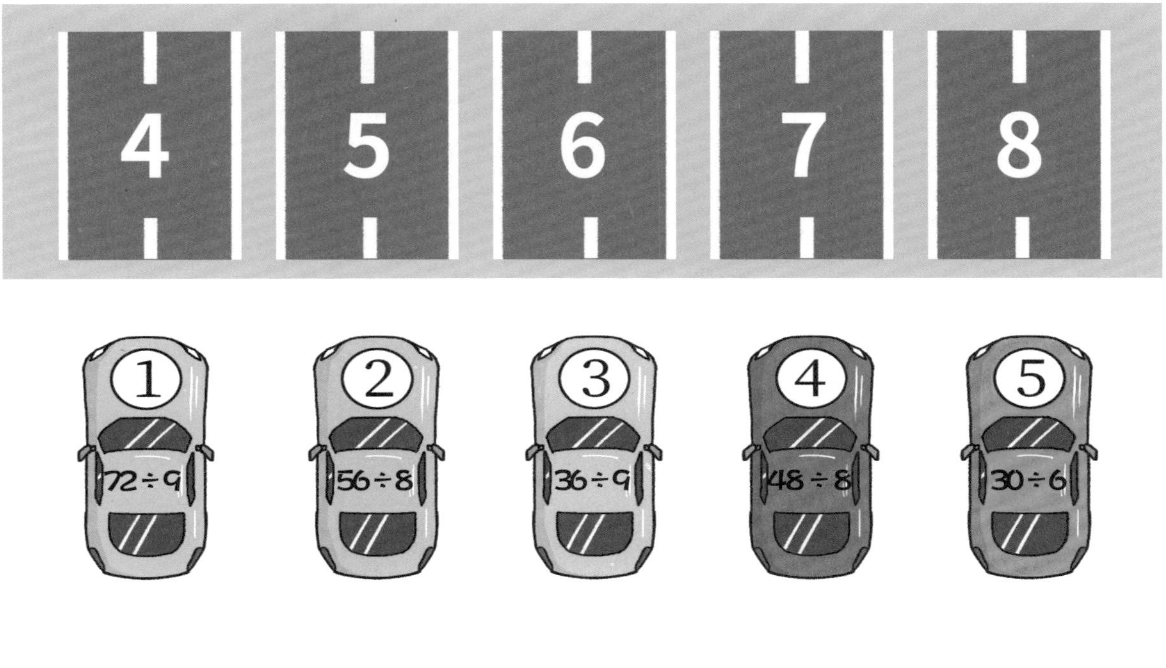
4
5
6
7
8
1
72÷9
2
56÷8
3
36÷9
4
48÷8
5
30÷6

苏里和马文各自做了一个计数器，一颗蓝色珠子表示一个1000，一颗红色珠子表示一个100，一颗黄色珠子表示一个10，一颗绿色珠子表示一个1。请你根据图片写一写它们表示的是多少。比一比，谁的珠子代表的数大。

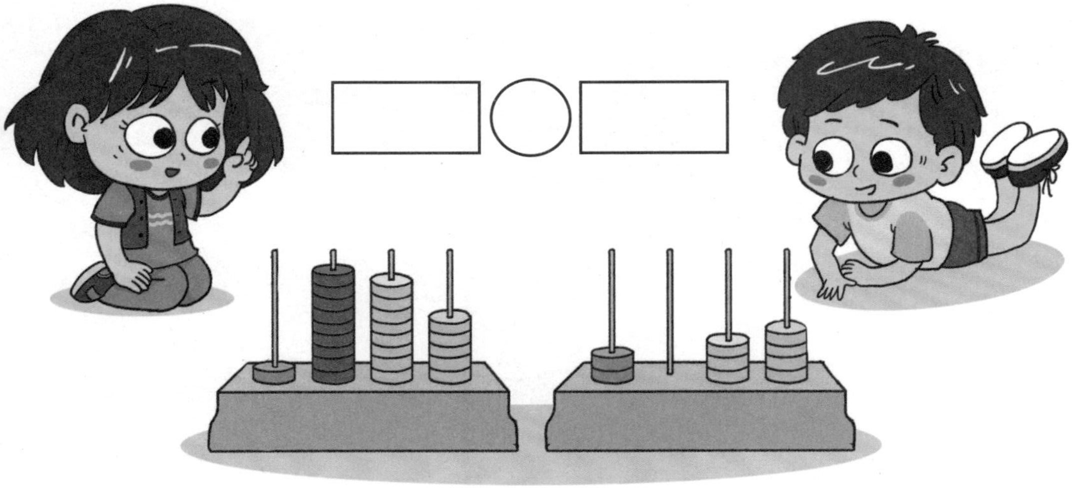

小动物们在玩跷跷板，请你帮小熊在____上填写合适的数。

小青蛙要过河，请你仔细观察数字的规律，在荷叶上填写正确的数字，帮助三只小青蛙成功跳到河对岸吧。

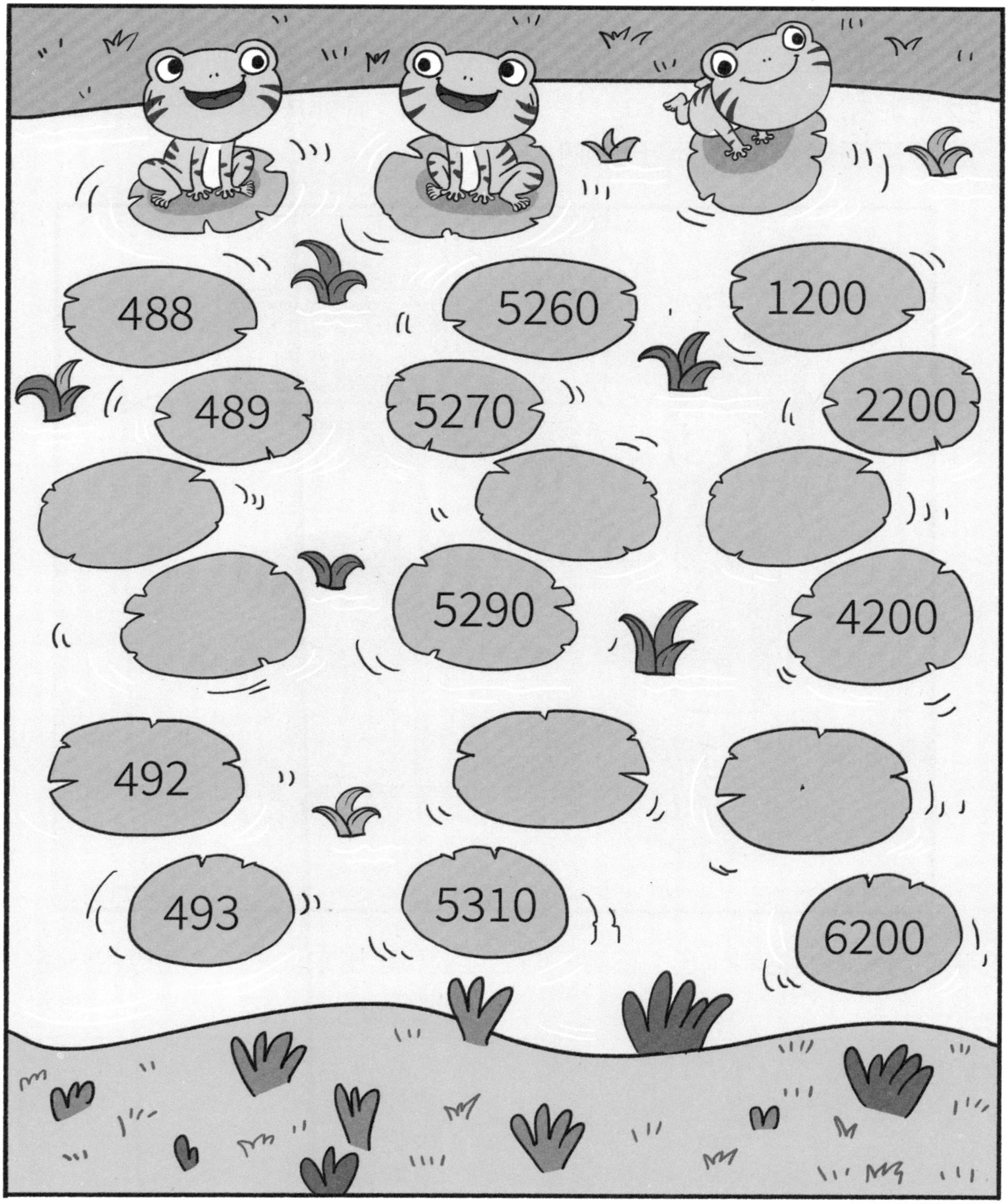

对应图画书《起床出发了》

詹妮正在和妈妈制作明天野餐的芝士蓝莓三明治，妈妈制作蓝莓酱用了10分钟，烘烤面包用了30分钟。准备就绪后，妈妈发现没有芝士了，詹妮用10分钟跑去便利店买来芝士。最后一步就是把芝士夹在面包中间，再把美味的蓝莓酱涂抹在面包表面，这一步詹妮和妈妈只花了10分钟就完成了。请你用线段图把制作芝士蓝莓三明治过程表示出来吧。

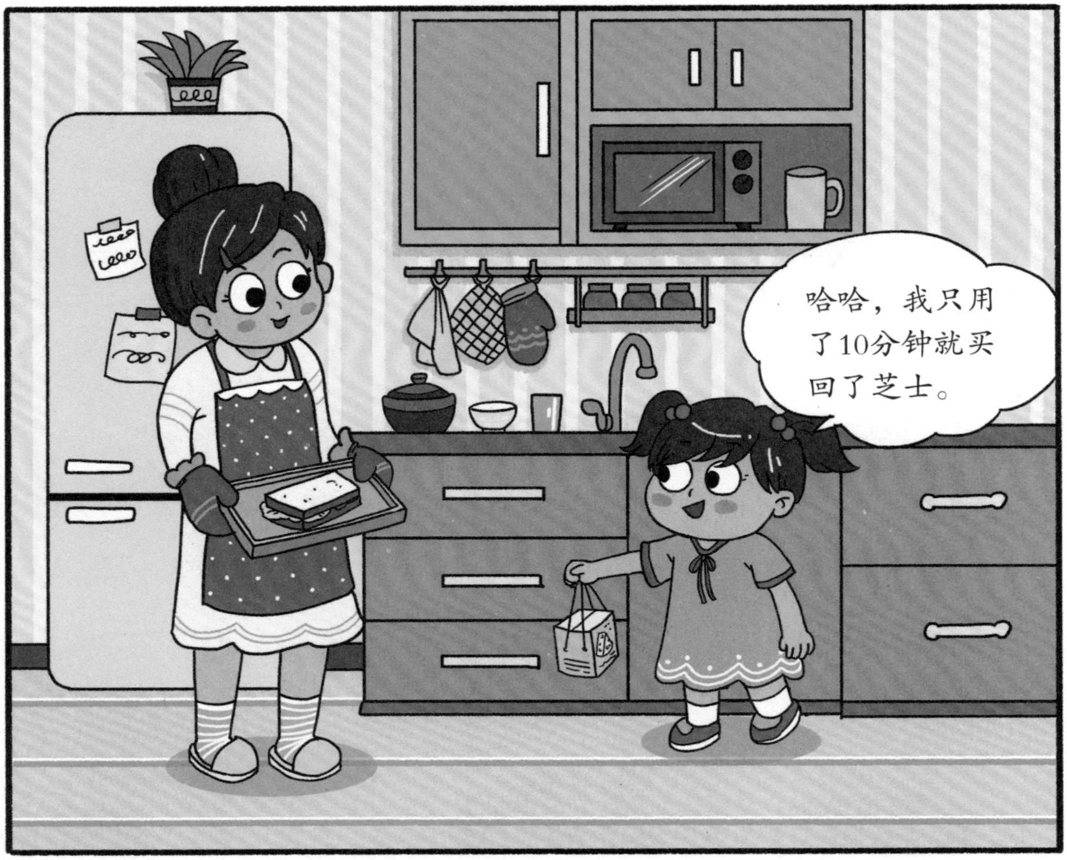
哈哈，我只用了10分钟就买回了芝士。

请你用线段图把制作芝士蓝莓三明治过程表示出来（注意：可以用一条线段表示10分钟）。

✎ 大卫有个坏习惯，做事总是拖拖拉拉，更糟糕的是今天早上大卫又起晚了。请你根据时间线段图，想一想：大卫能在8点前赶到学校吗？

大卫，最晚一趟校车在7:40准时出发。如果赶不上校车，就只能跑步去学校了。
刷牙，3分钟
吃早点，8分钟
跑步到学校，16分钟
坐校车到学校，8分钟
收拾书包，2分钟

仔细观察每组图案的排列规律，想一想下一个图案是什么。请你在方格中圈出正确的图案。

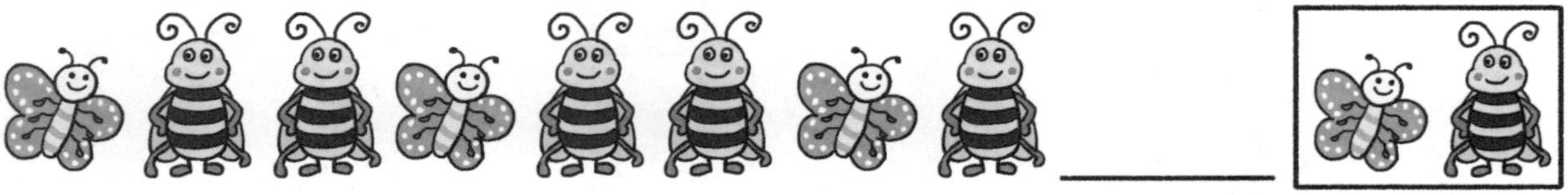

安妮家有一个漂亮又准时的鹦鹉钟，那是安妮的爷爷留给她的。当鹦鹉钟面上显示以下时间时，钟里的小鹦鹉都会准时跳出来并发出悦耳的歌声，你能预测下一次鹦鹉跳出来唱歌是几点吗？

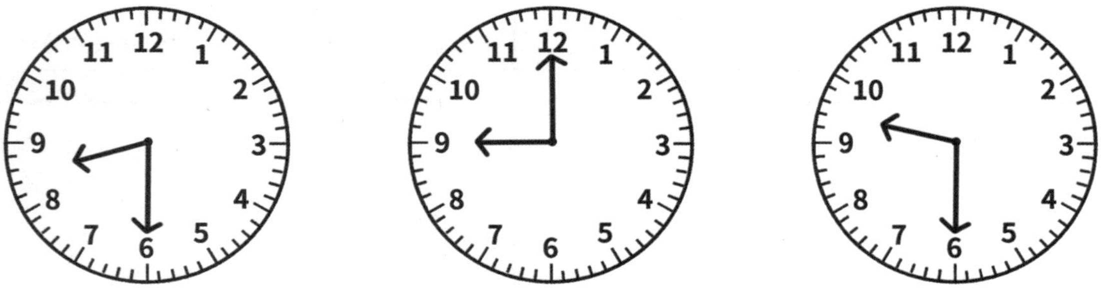

安迪新买的毛衣上的扣子掉了一颗，你能根据扣子的排列规律，帮安迪找到她掉落的扣子吗？

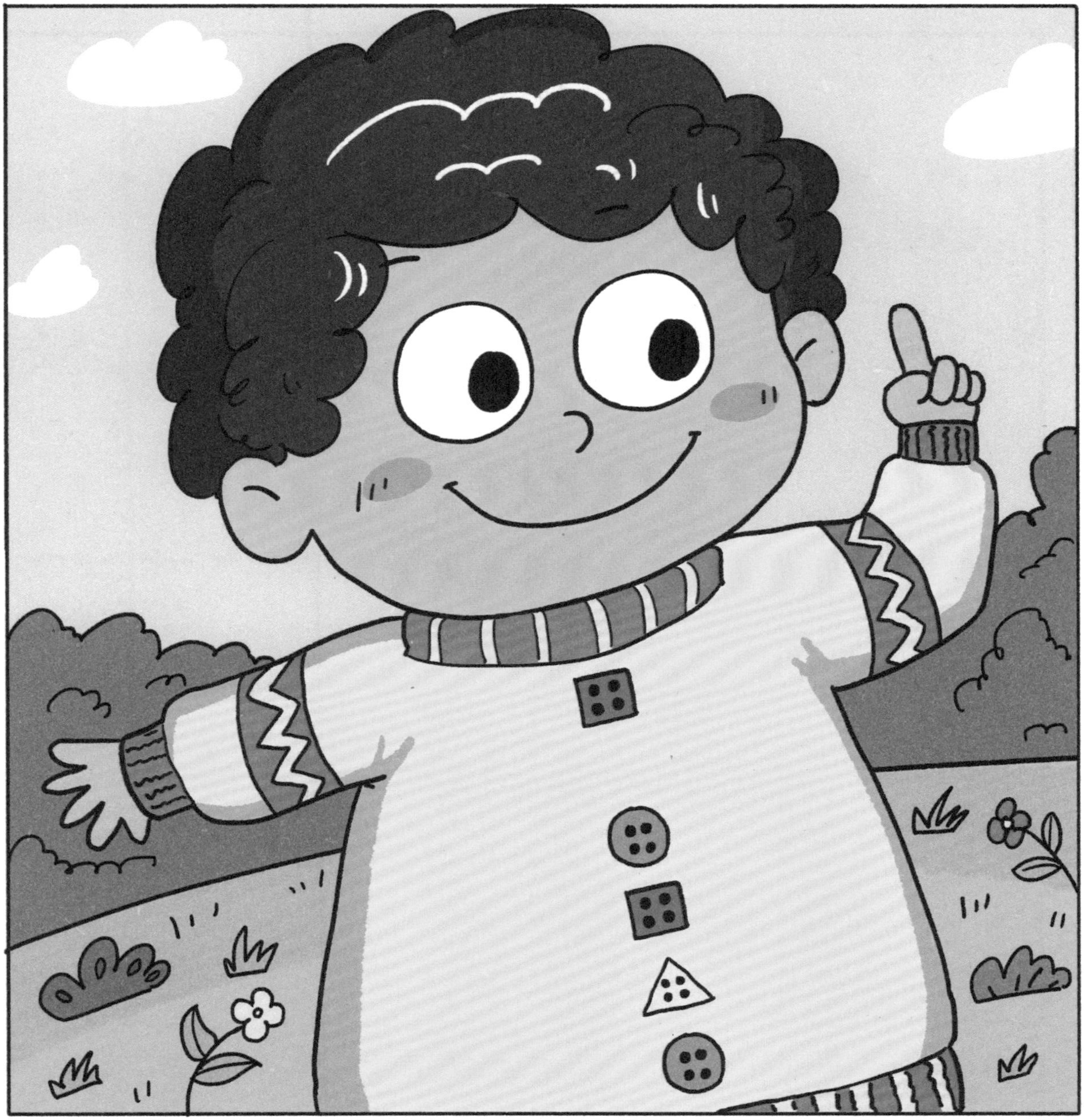

A 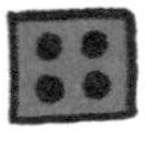 B 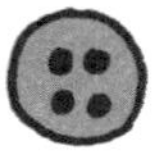 C 

对应图画书《谁猜得对》

狼大叔决定自食其力，自己种田，可是辛辛苦苦忙了一天，只开垦了一小块农田。请你画一画，估一估，狼大叔要把图中全部农田开垦完，需要____天。

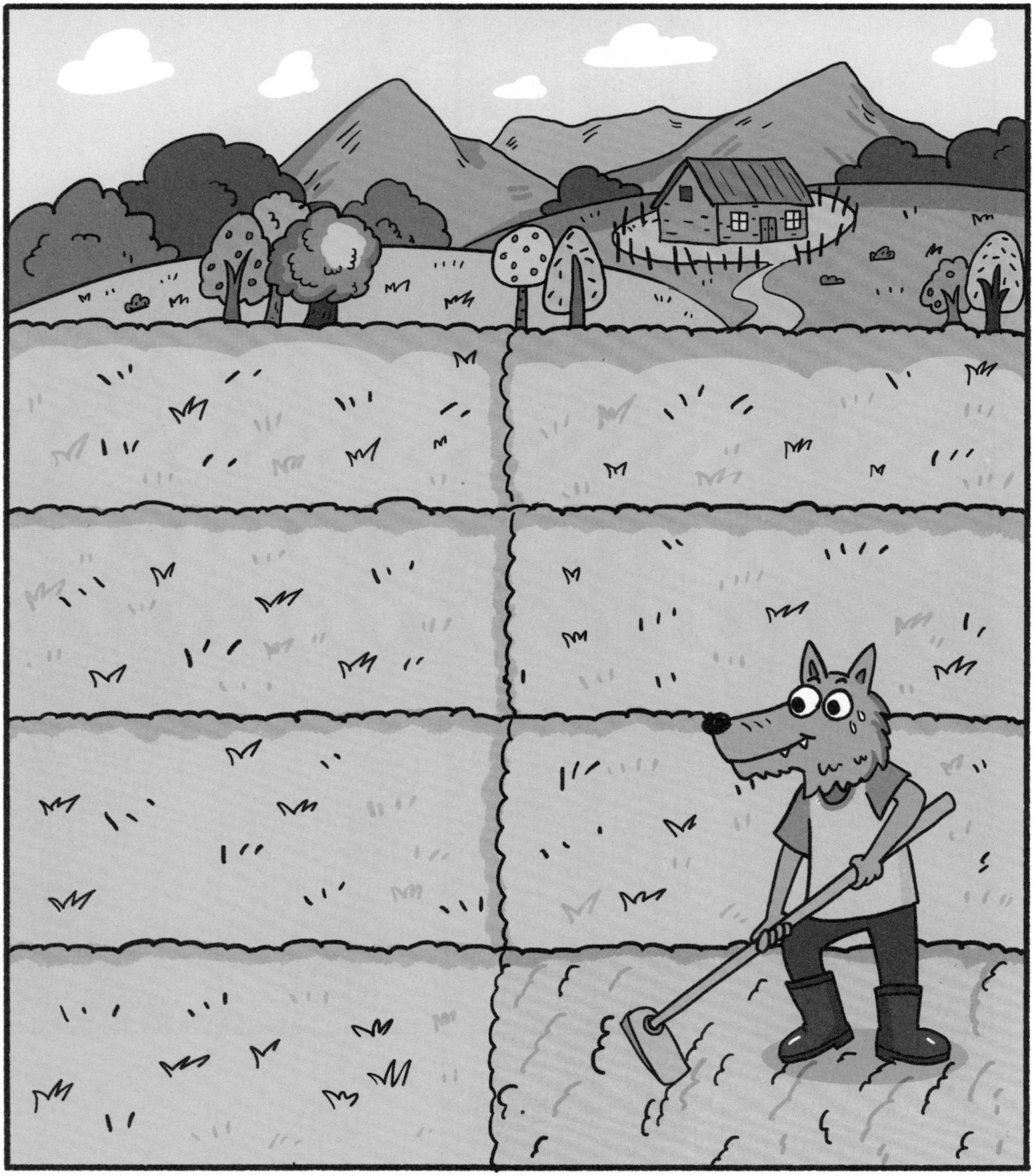

✎ 小朋友们一起喝果汁，有人喝得快，有人喝得慢。估一估，图中的每个杯子还有多少毫升果汁。

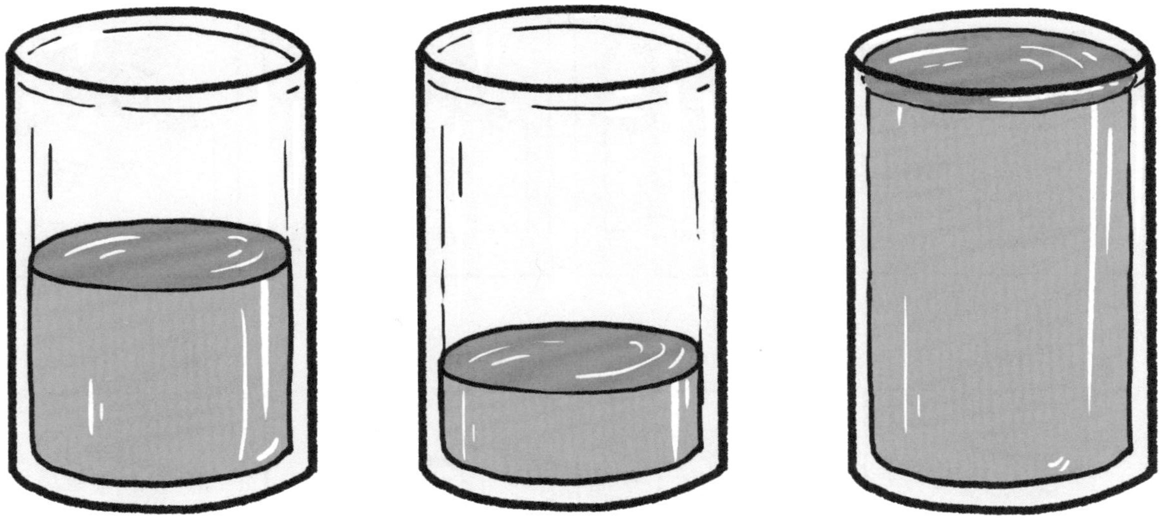

250毫升　　大约____毫升　　大约____毫升

✎ 快下雨了，小蜗牛赶紧朝着家的方向爬。请你看图估一估，还有多少厘米它就能到家了。

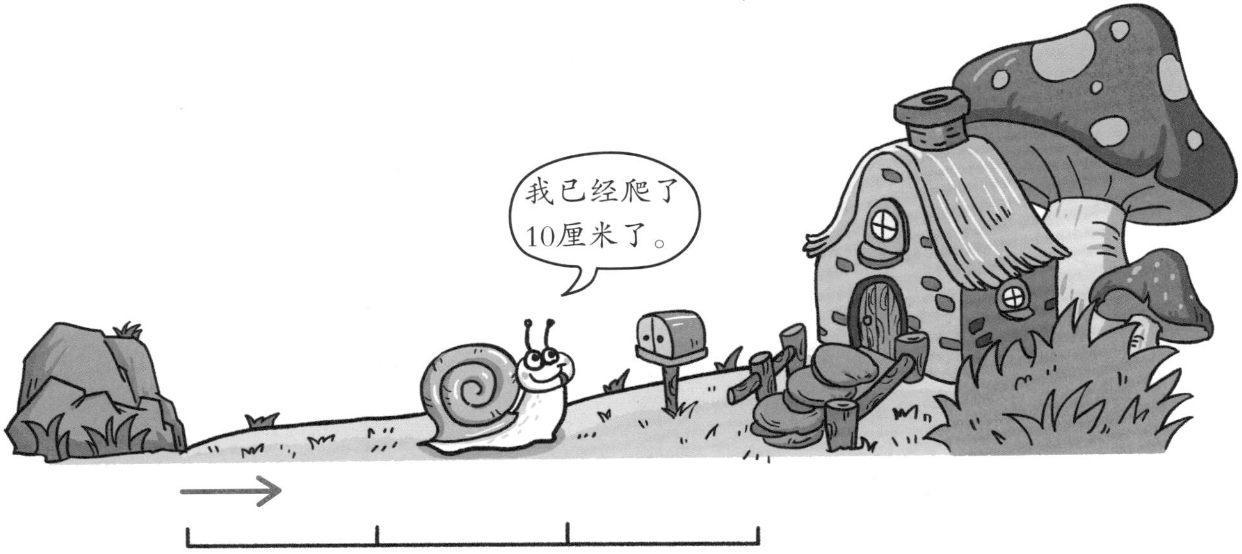

还有____厘米就到家了。

请根据算式的计算结果，帮小动物找到它的好朋友，把它们用线连起来。

粗心的小猴不小心把墨水弄洒了，弄脏了作业本，请你帮小猴在弄脏的地方填上正确的数字。

____+9=25

45-____=19

____-38=22

29+____=56

赛车障碍赛开始了，赛道上有金币也有石头，赛车收获金币分数就会随之增加，撞到石头分数就会相应减少，最终分数最高的赛车将会赢得比赛。请你算一算，并圈出哪一辆赛车会赢得比赛。

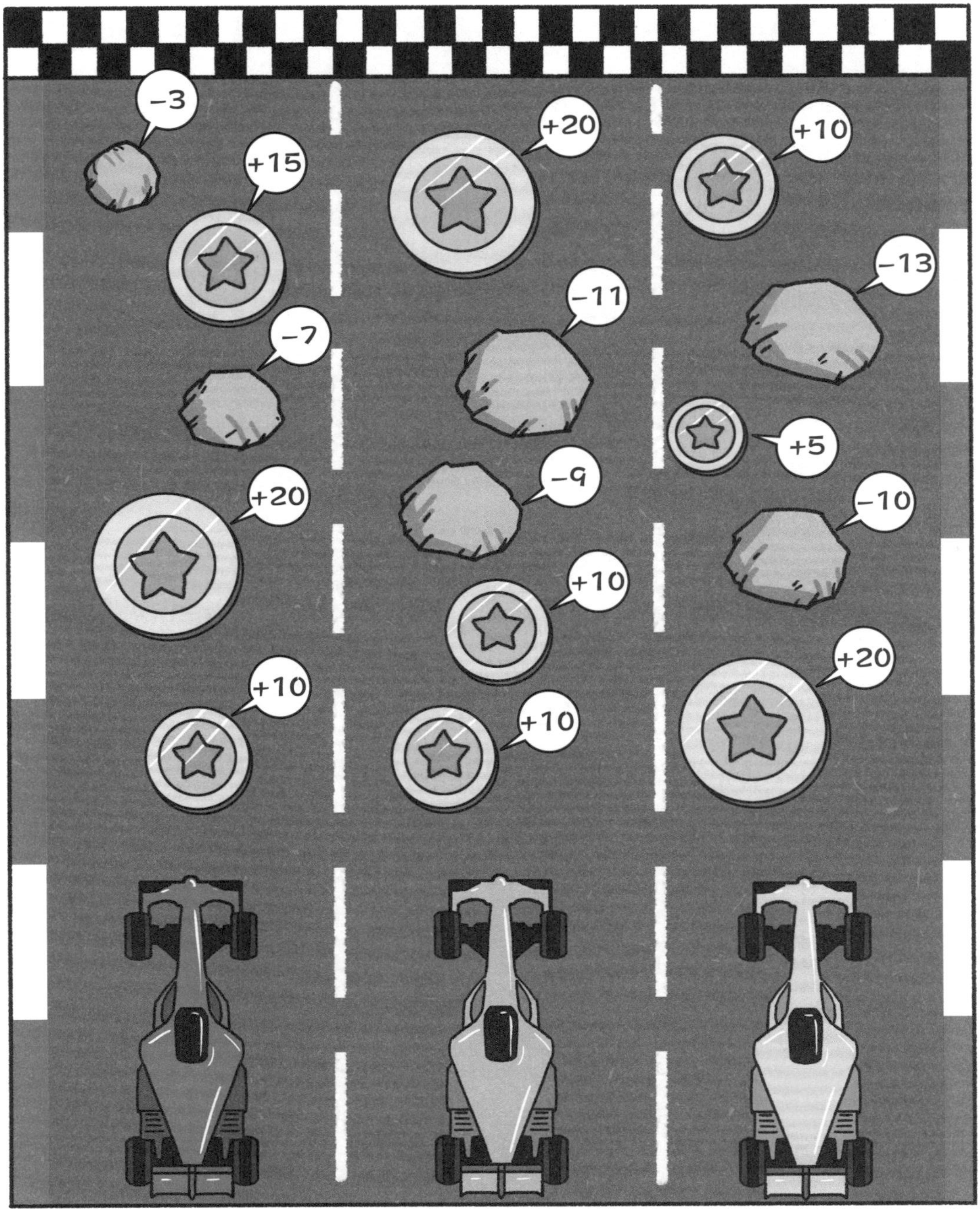

小熊必须踏着计算结果是4的倍数的算式，才能找到回家的路，请你为小熊找到正确的路线吧。

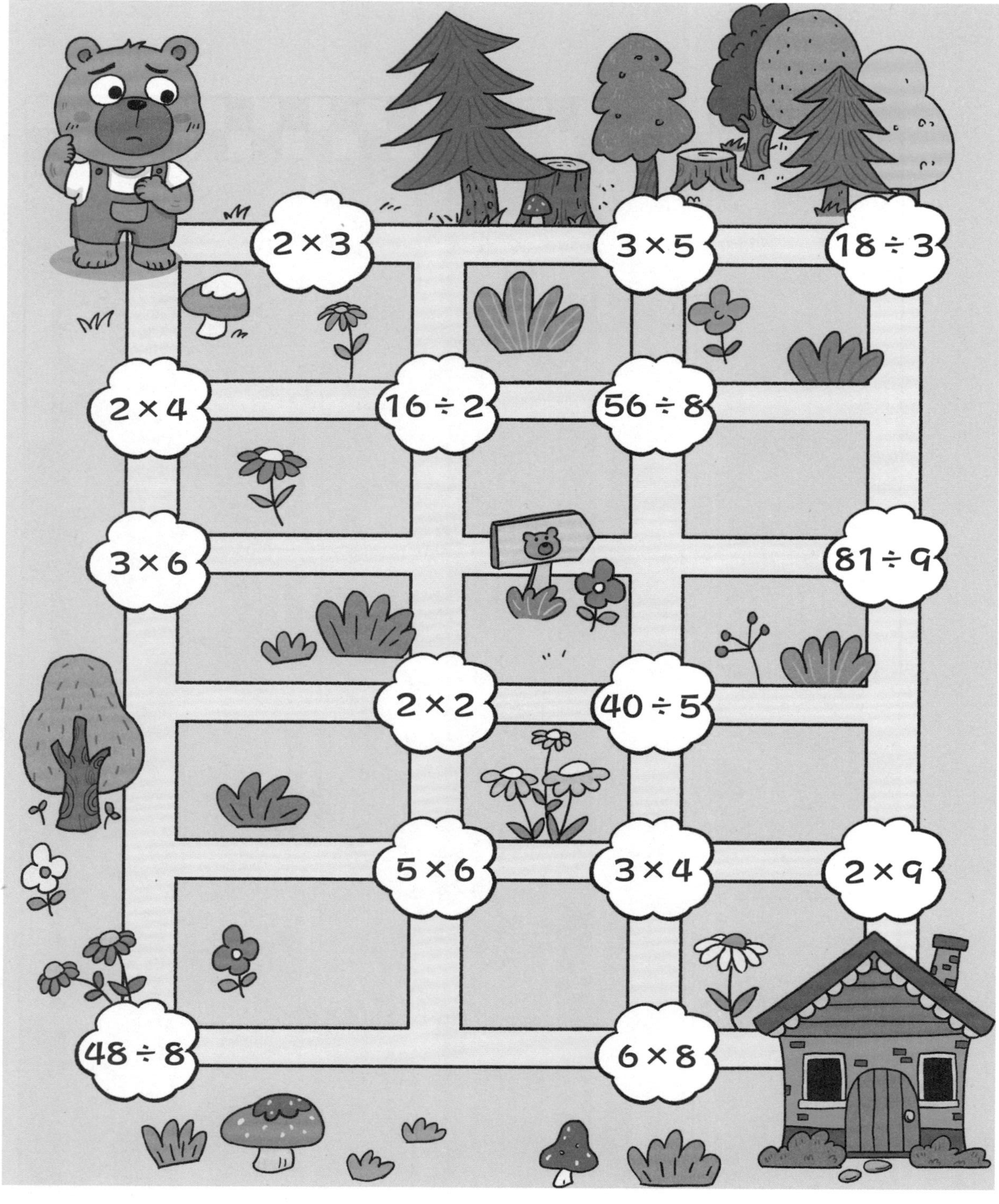

海盗在一座美丽的小岛上发现一箱宝藏，可是宝箱上有一个密码锁，只有根据提示将正确的密码填入密码锁，才能顺利打开宝箱。

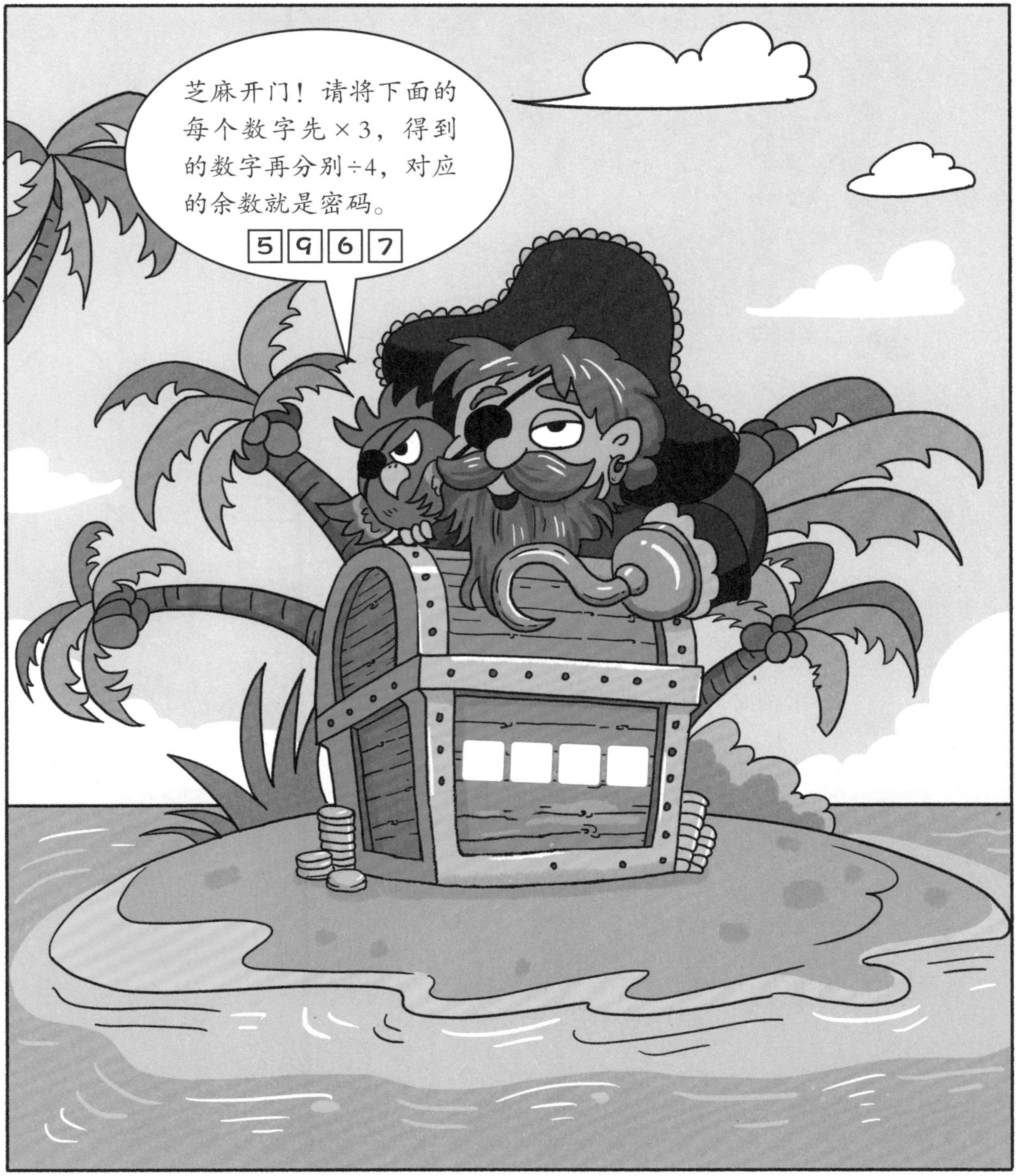
芝麻开门！请将下面的每个数字先×3，得到的数字再分别÷4，对应的余数就是密码。
5 9 6 7

运用魔法来猜猜数字。根据图中提供的线索，你能猜出哪个数字藏在魔术师的帽子里吗？

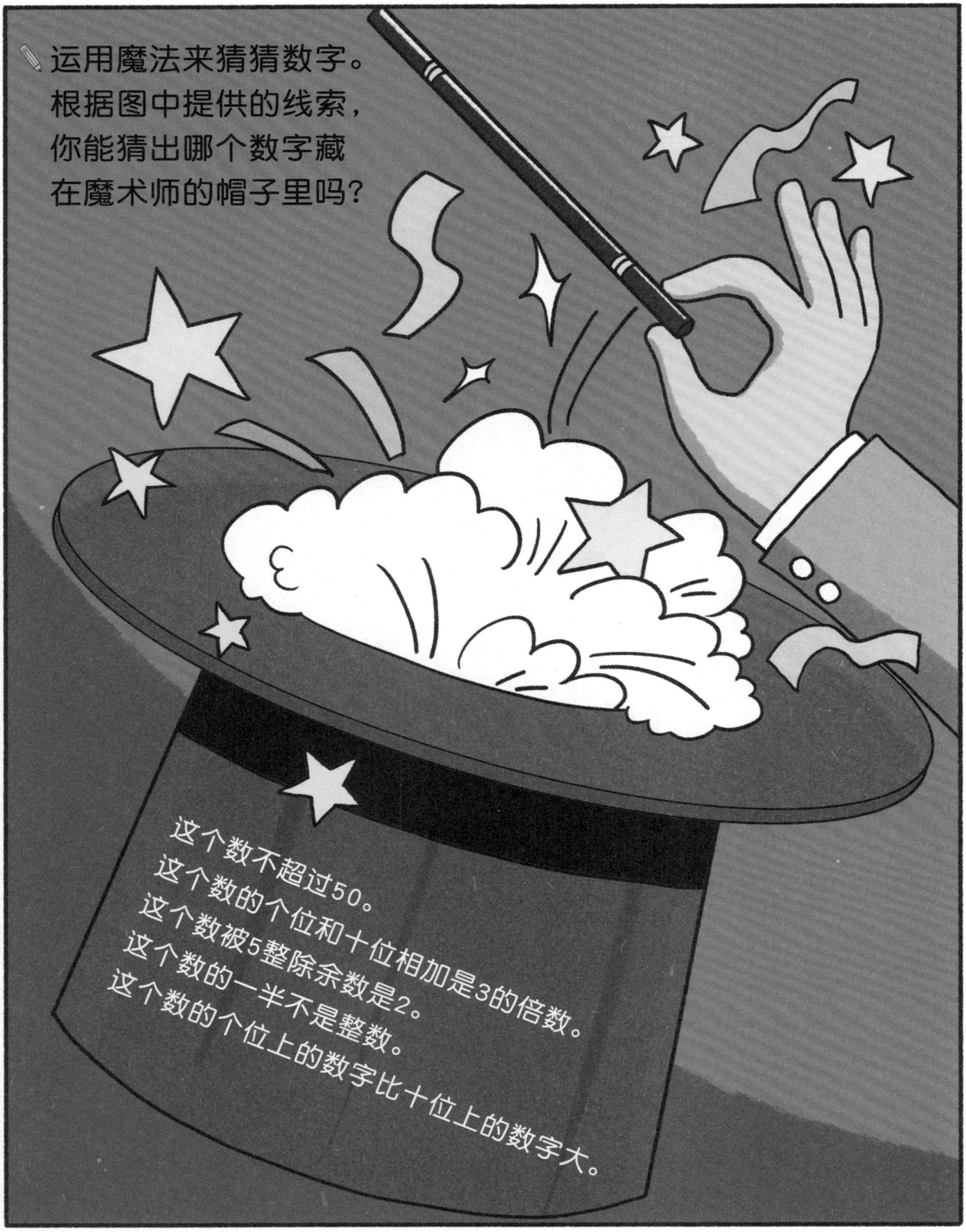
这个数不超过50。
这个数的个位和十位相加是3的倍数。
这个数被5整除余数是2。
这个数的一半不是整数。
这个数的个位上的数字比十位上的数字大。

寻找共同点。题目中的数有什么共同点？答案又有什么共同点？快来找一找吧。

小鸽子们去送信，但有3只迷糊的小鸽子迷路了。请你帮它们回到它们所在的队伍，用线把它们和队伍分别连起来。

爷爷今年已经93岁高龄了，但他依然精神抖擞，这是因为他有着极其规律的生活习惯。

爷爷的生活时间表

√ 6:40~7:00 起床洗漱

√ 7:01~7:30 吃早点

√ 7:31~8:00 看当天的报纸

√ 8:01~9:15 去公交站等车

√ 9:30 到公园喂可爱的流浪猫

√ 11:30~12:30 去卢西太太的比萨店点一份墨西哥经典口味比萨

√ ……

①请你预测一下：爷爷上午10点在做什么呢？

②爷爷的早餐很简单，只需要一杯咖啡、一颗水煮蛋和一块芝士火腿三明治，请你根据时间线段算一算爷爷需要多久才能准备好早餐。

冲泡		需要8分钟
煮		需要5分钟
制作		需要3分钟

洛克数学启蒙练习册3-B答案

P2

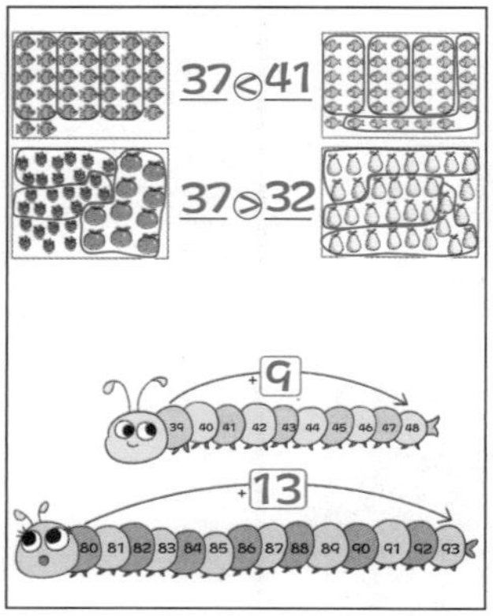

P3

P4

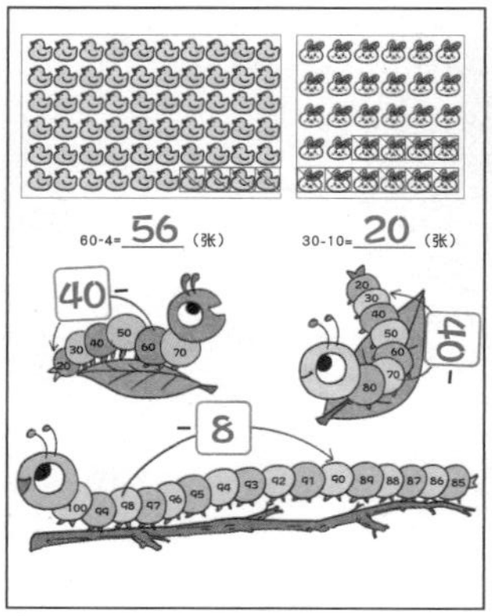

P5

P6

P7

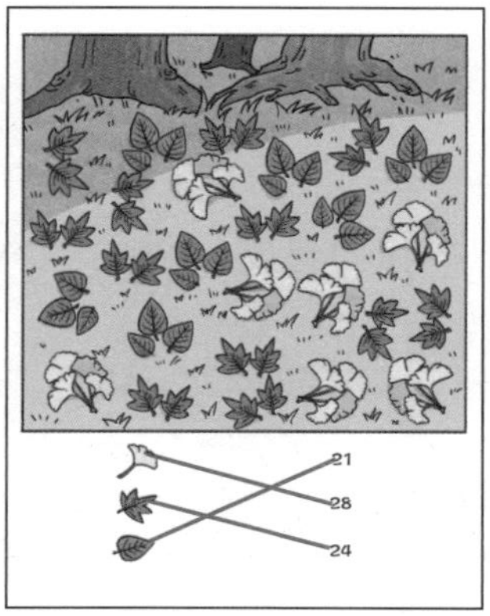

P8

P9

P10

P11

P12

P13

P14

P15

P16

P17

P18

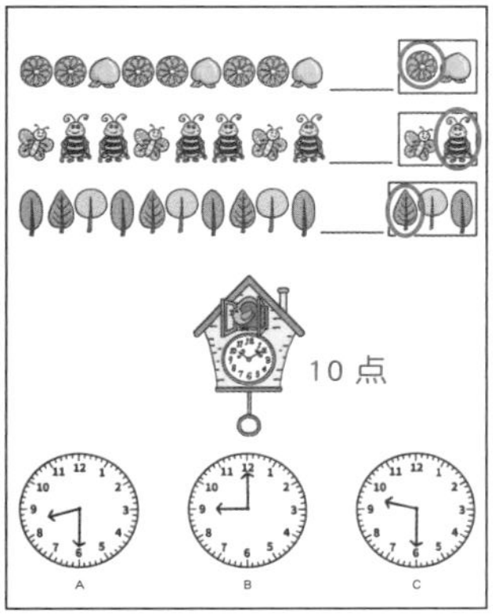

P19

P20

P21

P22

P23

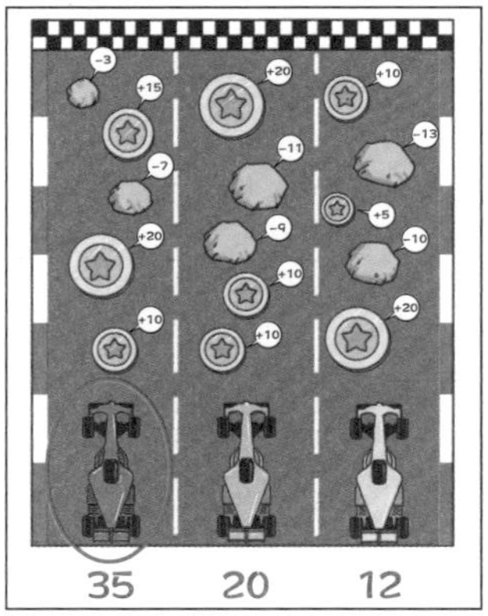

P24

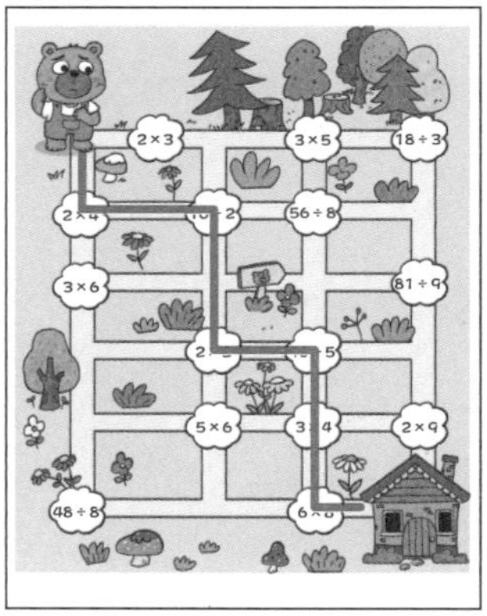

P25

P26

P27

P28

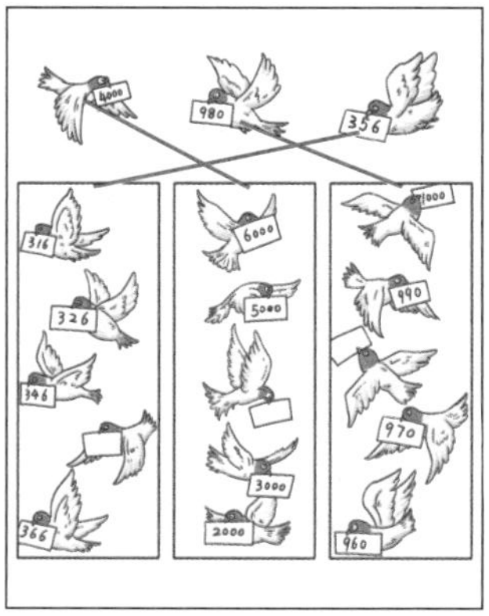

P29

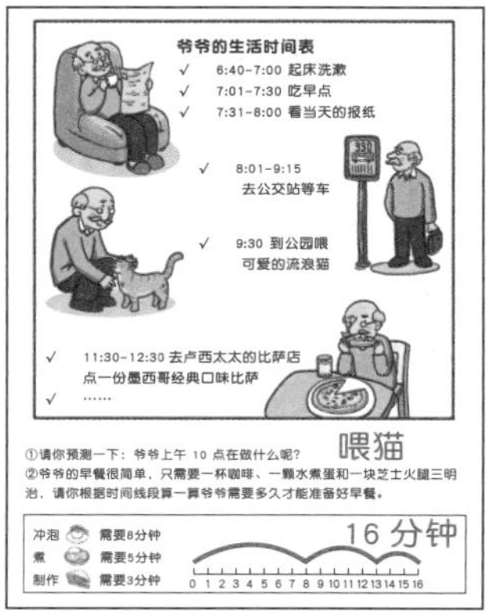

MathStart®
洛克数学启蒙

3-C

洛克数学启蒙

练习册

洛克博克童书　策划　　陈晓娟　编写　　懂懂鸭　绘

圈一圈，数一数，填一填。

① 冬天就要来了，三只小松鼠各自摘了许多橡果准备过冬。请你帮小松鼠圈一圈、数一数，它们各采摘了多少颗橡果。

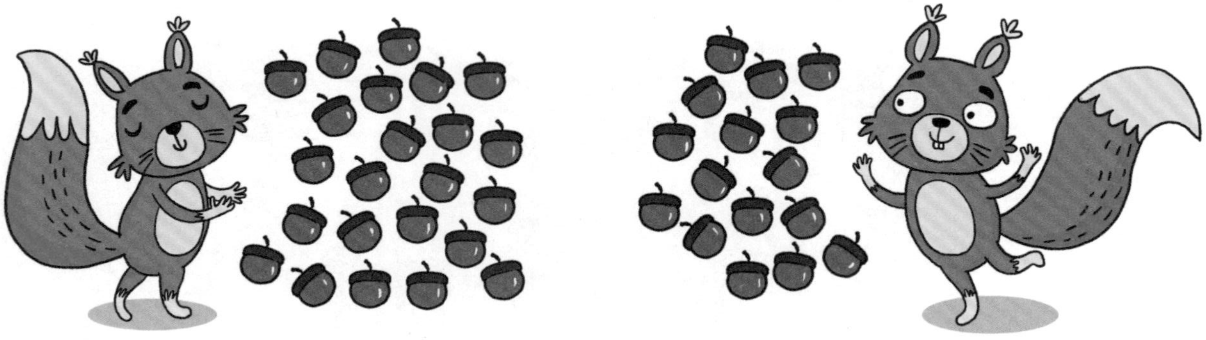

____个十和____个一，一共____颗。　____个十和____个一，一共____颗。

____个十和____个一，一共____颗。

② 试着算一算，三只小松鼠一共采摘了多少颗橡果。

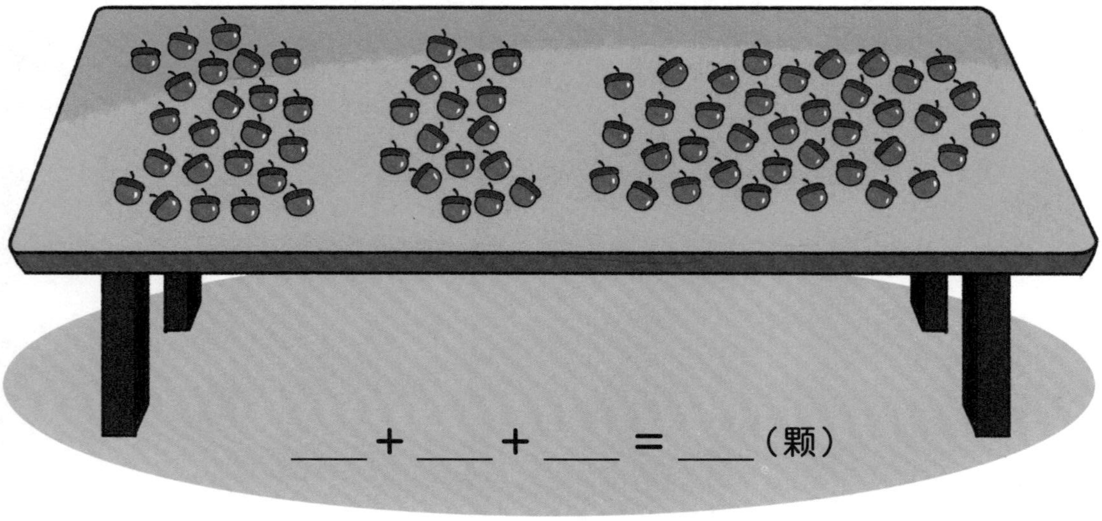

____ + ____ + ____ = ____（颗）

两只小熊采来好多山楂，熊妈妈打算给小熊们做糖葫芦吃，每10颗山楂串一串。请你帮小熊给下面的糖葫芦补画上山楂，再数一数，一共有多少颗山楂。

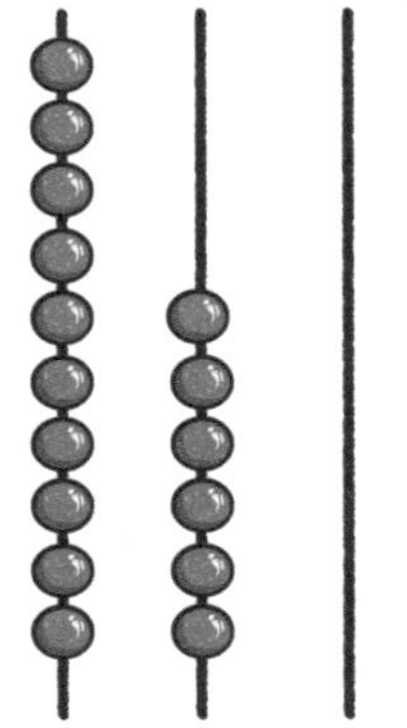

16+14=____(颗)

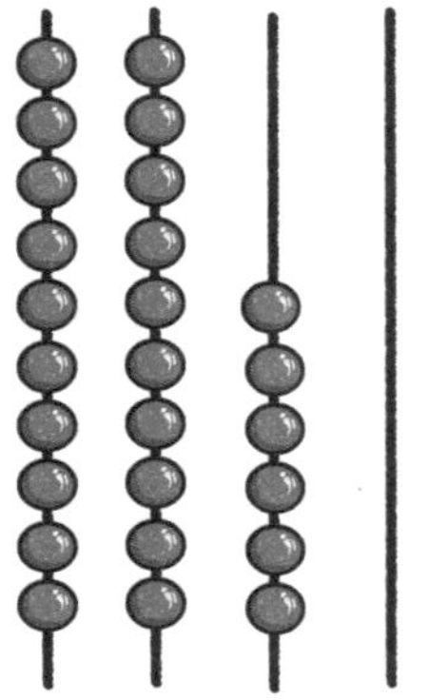

26+8=____(颗)

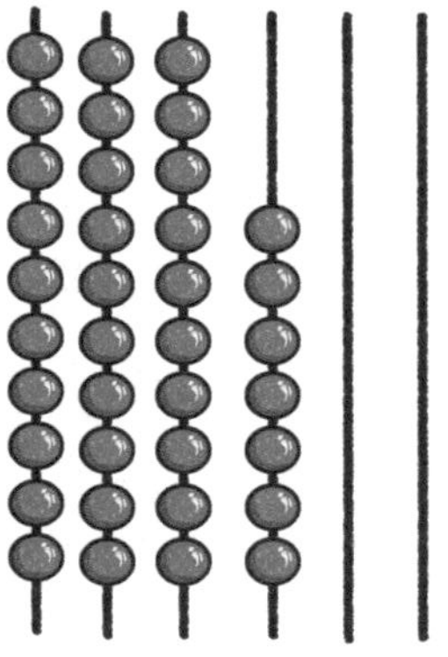

37+23=____(颗)

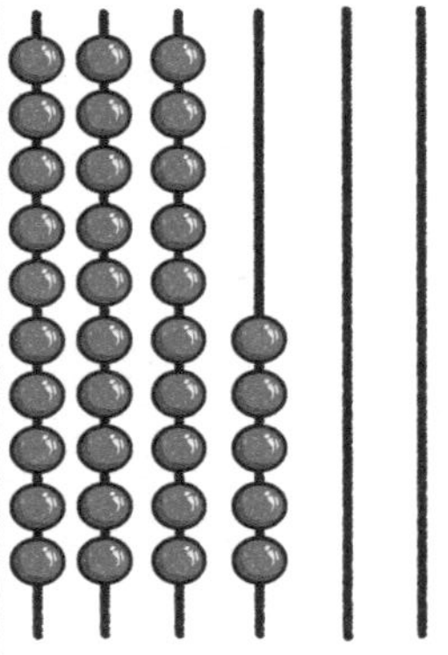

35+23=____(颗)

对应图画书《人人都有蓝莓派》《鲨鱼游泳训练营》

请按示例，将正确的数字填到□内。

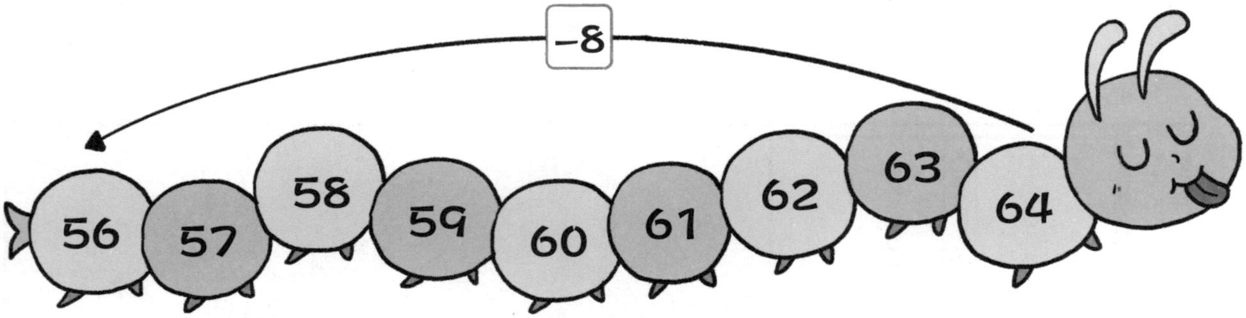

请按示例，完成计算，并填写上正确答案。

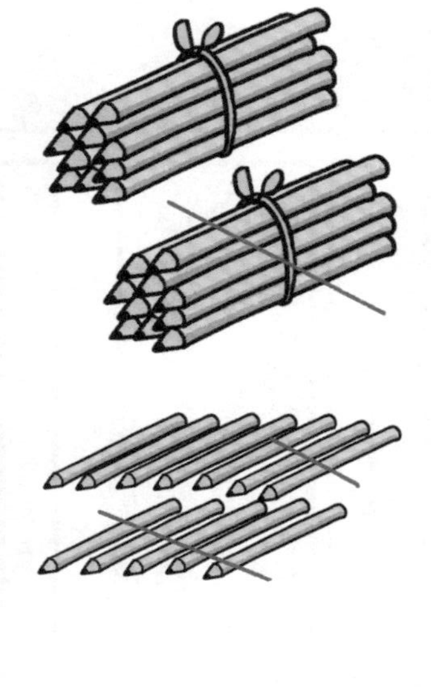

32-18=14

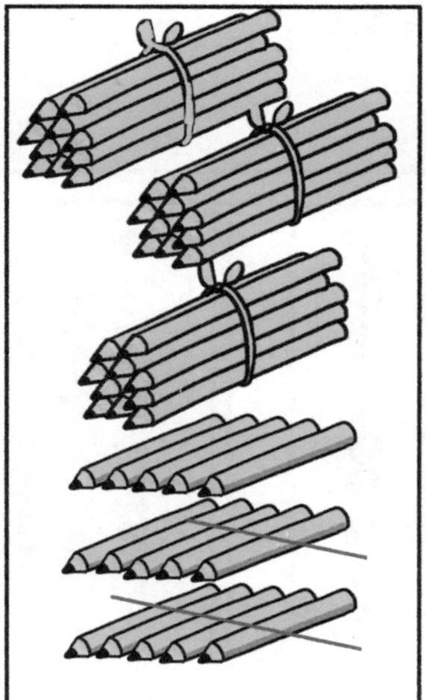

45-9=____

57-34=____

每条鱼身上都有一个算式，请算一算，并将结果进行排序。

□ > □ > □　　□ > □ > □

马克正在做数学题，淘气的猫咪把墨水弄洒了，正好弄脏了马克的作业本，请你猜一猜墨水遮盖住的可能是什么数。

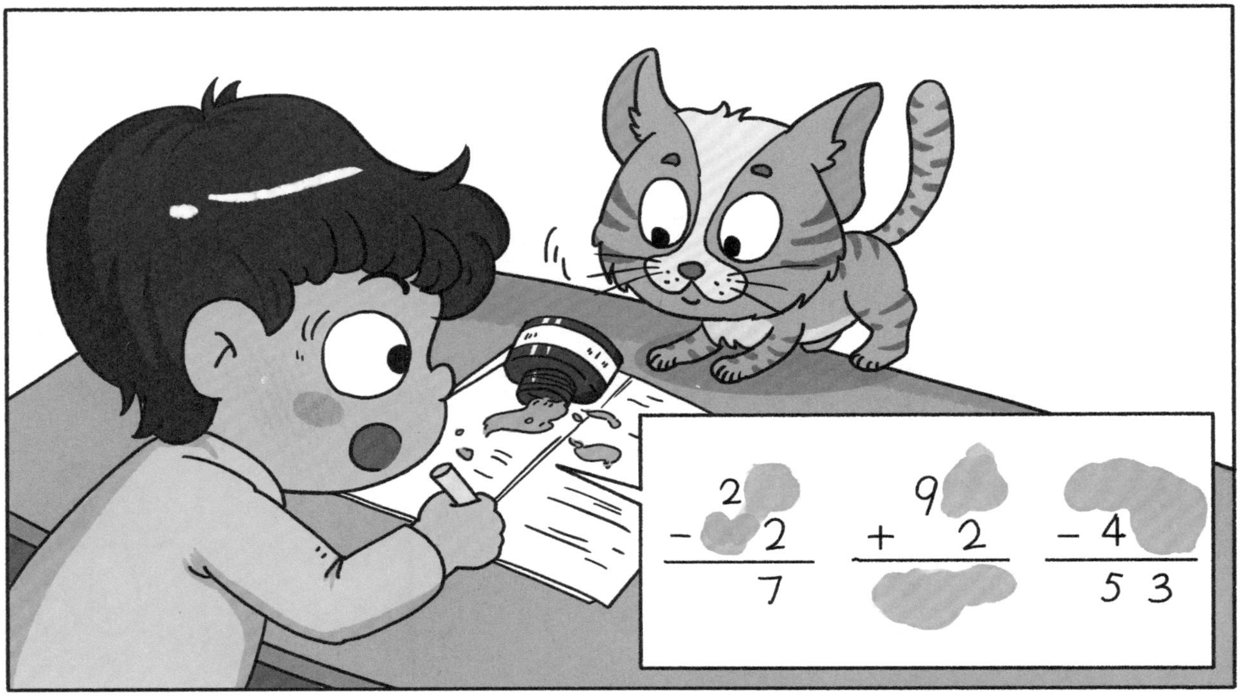

请把3的倍数的数字按从小到大的顺序依次连起来，看一看是什么图形。

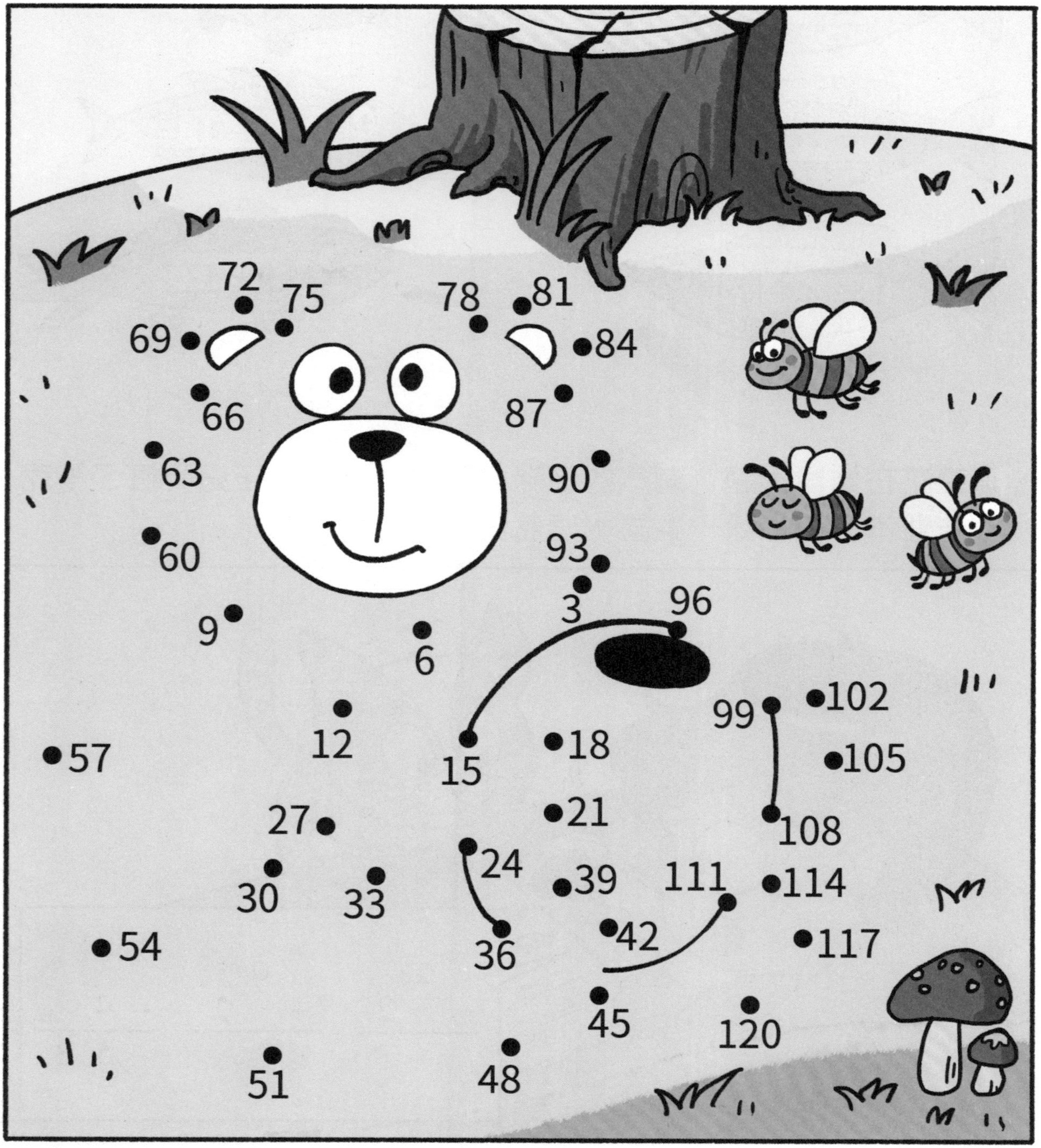

小动物们丢了东西，请你顺着它们来时的小路，找一找它们分别丢了什么。

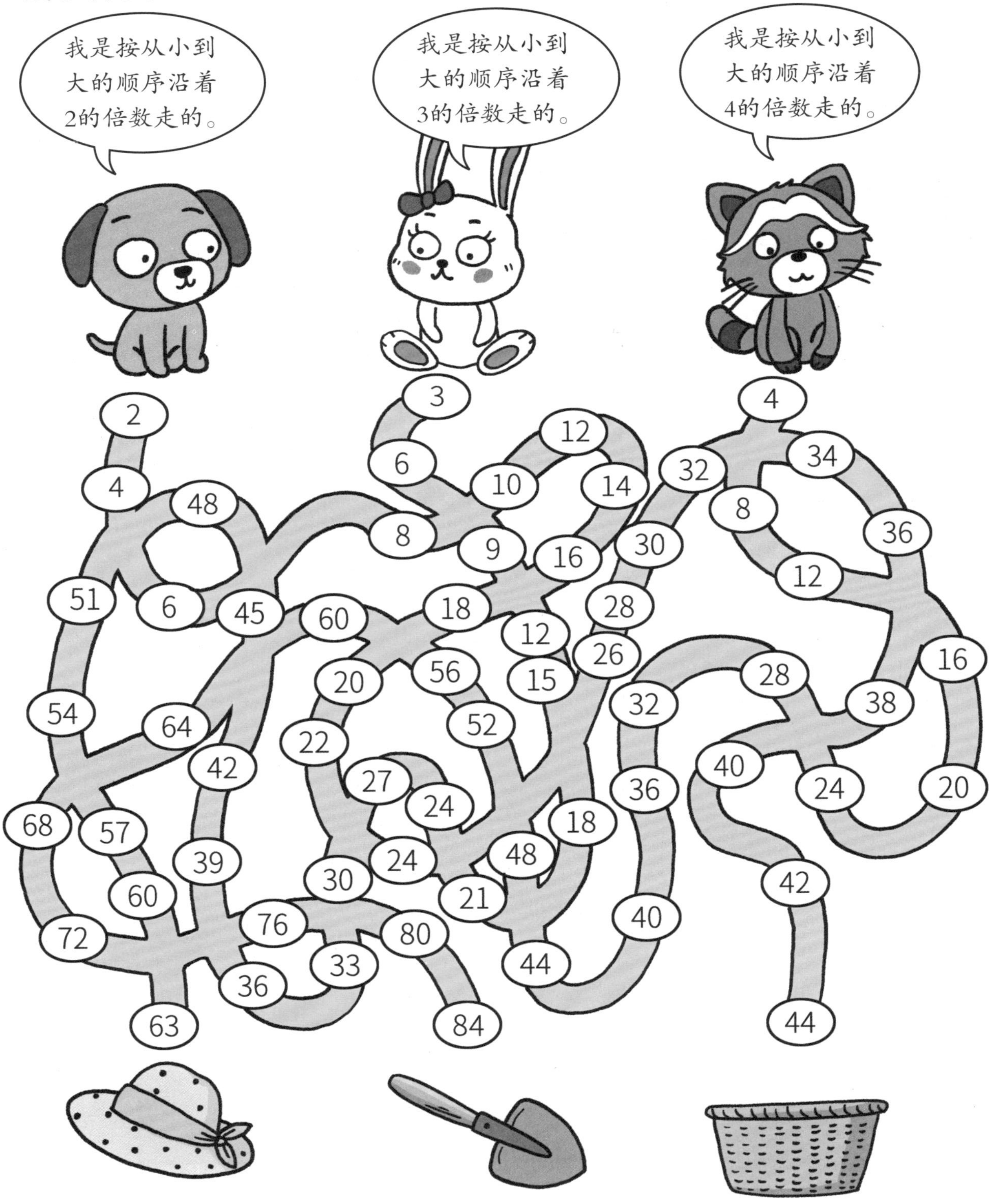
我是按从小到大的顺序沿着2的倍数走的。
我是按从小到大的顺序沿着3的倍数走的。
我是按从小到大的顺序沿着4的倍数走的。

琳琳在商店里购物，你能根据琳琳的购物清单算出她买零食花了多少元吗？

小狗邮递员去送信，请你帮它连一连，找到每封信对应的信箱吧。

2×4
6×2
5+5+5
4+4
6+6
8 8
12 12
15 15
5×3
2+2+2+
2+2+2
2×6
4×2
3×5

小兔子种胡萝卜，请你帮小兔子数一数，它一共种了多少根胡萝卜。

____ × ____ = ____（根）

比一比两边物体的大小，将“＞”或“＜”填写在○内。

 ○ 

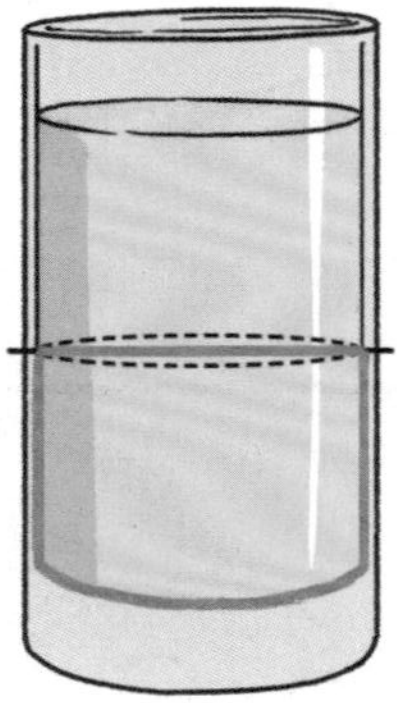 ○ 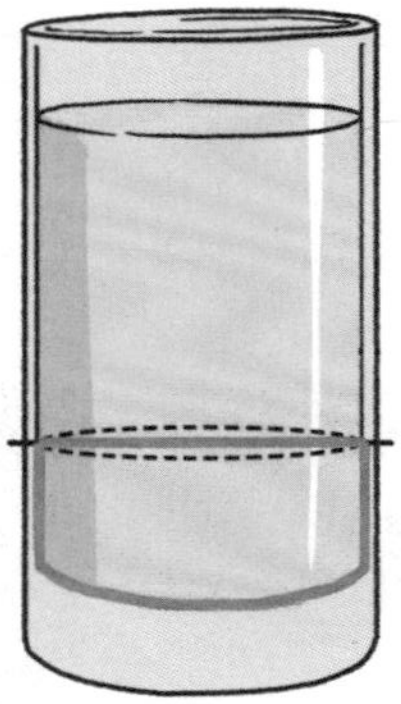

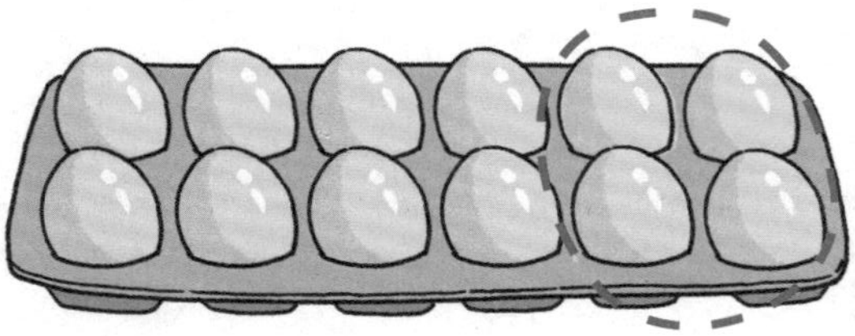 ○ 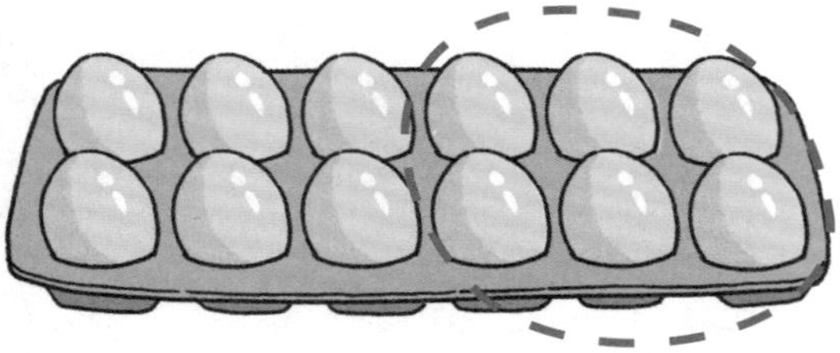

小熊去参加秋游活动，熊妈妈给小熊准备了一份美味的蛋糕，可是小熊刚想吃就遇到一点小问题。请你借助右边的图形，分一分，画一画，帮小熊解决问题。

想一想，小熊最后只分到了蛋糕的 $\frac{1}{\square}$。

圈一圈，算一算。

① 13个气球，每4个气球绑成1束，可以绑成____束，还剩____个。

② 19根骨头，平均分给4只小狗，每只小狗可以分到____根，还剩____根。

有24只小蚂蚁要过河。请仔细观察画面，想一想：至少需要多少片叶子，小蚂蚁才能全部过河？请写出算式。

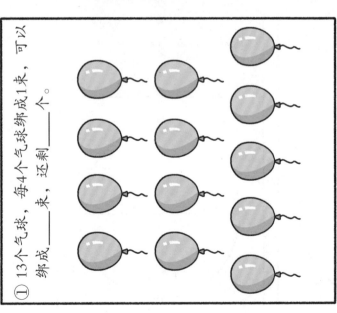

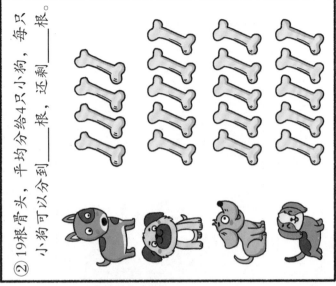

爸爸妈妈一起带小利去游乐场玩海盗船，可是小利排了好久都没有排上。请你帮小利计算一下，他要等多久才能排上。

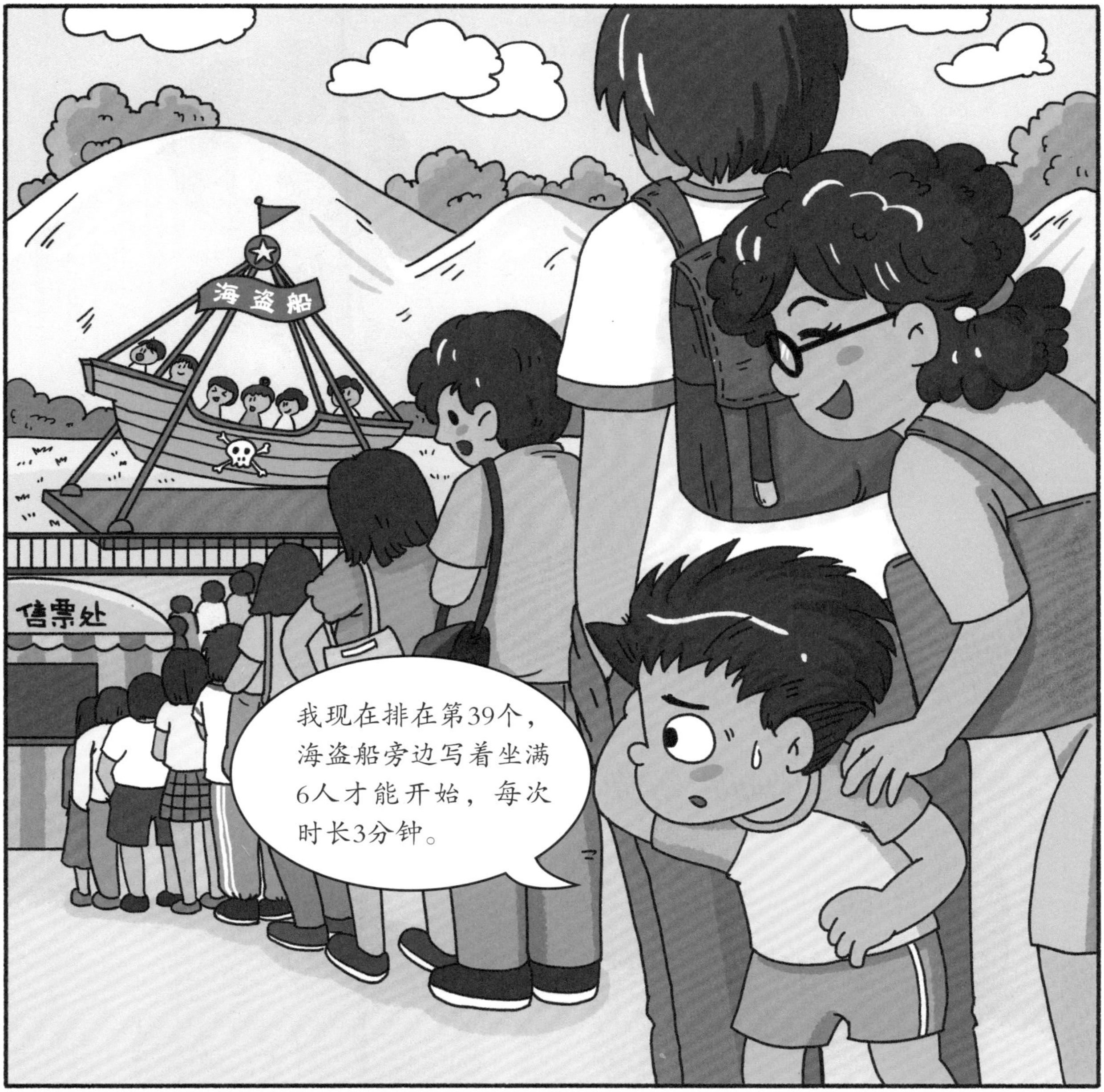
海盗船
售票处
我现在排在第39个，海盗船旁边写着坐满6人才能开始，每次时长3分钟。

小杰和科科正在玩猜数游戏，你能帮他们猜出来吗？

这是一个三位数，百位上的数字是个位上的数字的3倍，十位上的数字比个位上的数字的2倍还多1。

A 953　B 652　C 371　D 173

这是一个几千几百的数，这个数比3000大，比4000小，接近3500。

A 2980　B 4001　C 3408　D 3920

森林里正在举行田径运动会，100米赛跑马上就要开始了。请你帮裁判按照序号从小到大的顺序把每个运动员安排到正确的赛道上。

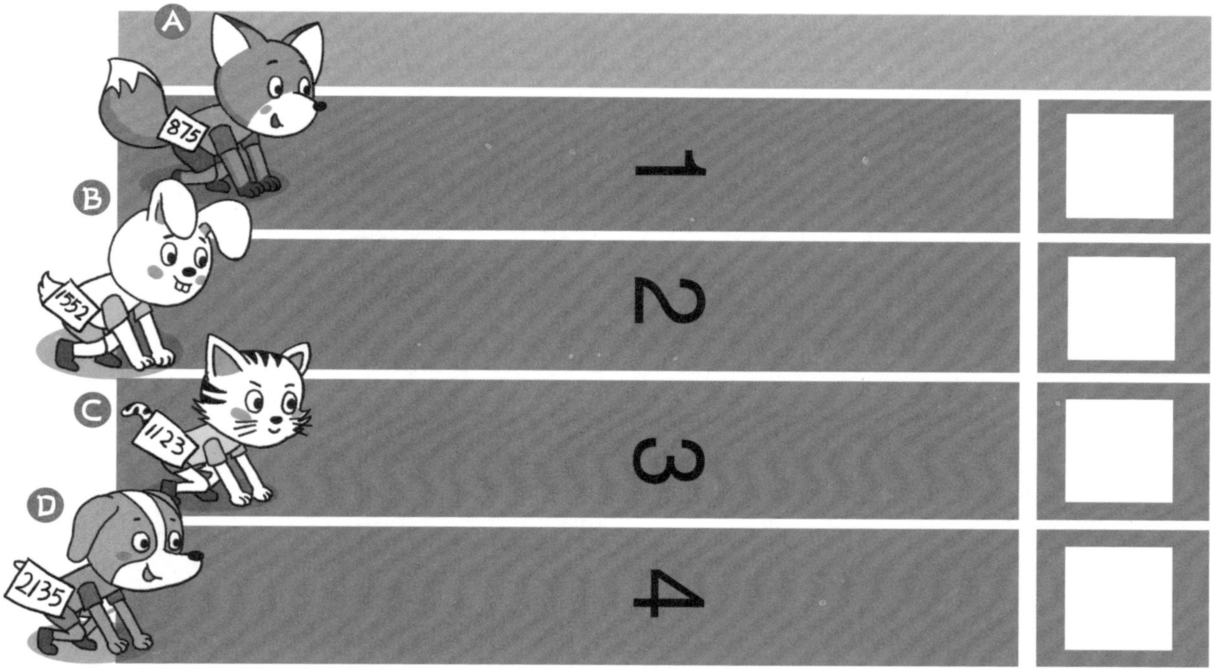

秋天来了，小动物们收获满满。请你根据它们采摘的苹果的数量，按照从大到小的顺序给它们排个序吧。

□ > □ > □ > □

体育课上，波比、小杰、肯尼、科科测试50米跑，你能根据老师的成绩单，回答下面的问题吗？

波比：8秒
小杰：11秒
肯尼：9秒
科科：12秒
科科
小杰
肯尼
波比

①谁跑得最快？

A. 波比 B. 小杰 C. 肯尼 D. 科科

②谁跑得最慢？

A. 波比 B. 小杰 C. 肯尼 D. 科科

③请你试着画时间线段图，最快的比最慢的少____秒。

爷爷家的钟表总是走走停停，请你帮爷爷在横线上标出现在的时间吧。

______

______

______

______

______

大熊伯伯最喜欢打网球，请你按规律仔细观察，画出最后一幅图中网球的数量，并在□内填上正确的数。

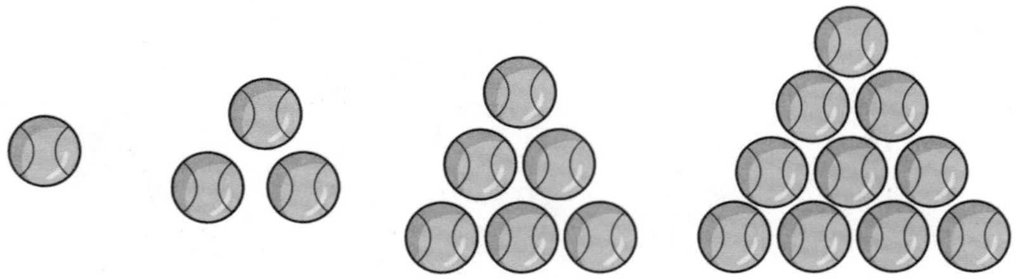

1　　3　　6　　10　　□

赛车场停了四排赛车，当赛车手准备开始比赛时，裁判员却发现每一排都有一辆赛车停错了位置。请你仔细观察每排赛车上的数字之间的规律，找出停错位置的赛车并改正。

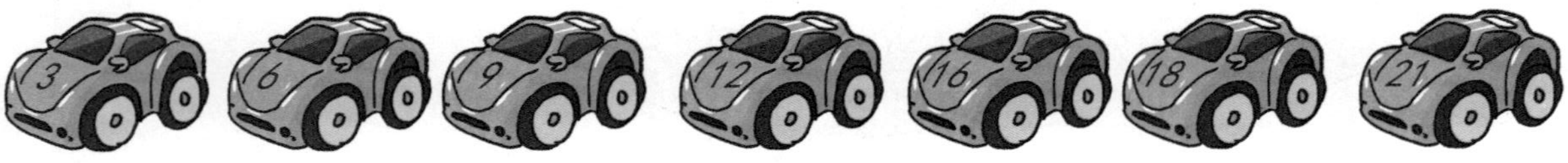

蓝精灵要派出一位最聪明的精灵潜入格格巫的城堡救出蓝妹妹，格格巫设置了很多陷阱，只有找出正确的数并填入横线上，才能顺利通过。请你仔细观察，帮助蓝精灵救出蓝妹妹吧。

小治最喜欢读书了，他正在看一本故事书。请你估一估，这一页大约有多少个字（包括标点符号在内）。

一条小溪是各种可爱的东西的家。小红花站在那儿，只顾微笑，有时还跳起好看的舞来。绿色的草上缀着露珠，好像仙人的衣服，耀得人眼花。水面上铺着青色的萍叶，矗起一朵朵黄色的萍花，好像热带地方的睡莲——可以说是小人国里的睡莲。小鱼儿成群地来来往往，细得像绣花针，只有两颗大眼珠闪闪发光。青蛙老瞪着眼睛，不知守在那儿干什么，也许在等待他的好朋友。水面上有极轻微的声音，是鱼儿在奏乐，他们会用他们的特别的方法，奏出奇妙的音乐来。

安安去超市买零食，排队结账时才发现自己只带了50元。请你根据购物清单估算一下，安安带的钱够不够。

购物清单
一瓶芝士酸奶 16元
一瓶果汁 10元
一个萝卜 5元
两个面包 10元
收银

儿童节就要到了，小朋友们纷纷列出想要的礼物。请你帮小朋友们找到各自对应的礼物，并将他们与礼物连起来。

7+8−5
23−10+4
50+40−70
27+9−18
76−40−21
17
18
20
10
15

小猫和妈妈一起去钓鱼，贪玩的小猫总是三心二意，还不小心打翻了猫妈妈的桶。请你帮小猫算一算，最后它和妈妈还剩多少条鱼，请在___上填写正确的数，在○内填入正确的运算符号。

17
3
9

___ ○ ___ ○ ___ = ___（条）

大家都在为地球日活动贡献自己的一份力量。安安、劳拉、马文利用课余时间收集了许多铝制饮料罐。请你根据提示，在收集最多饮料罐的小朋友下面画“√”。

我收集了22个。
我比安安多36个。
我比劳拉少12个。

劳拉　　马文　　安安

请将算式得数是8的涂成蓝色，将得数是9的涂成粉色，将得数是6的涂成紫色。看看下面隐藏着什么图案。

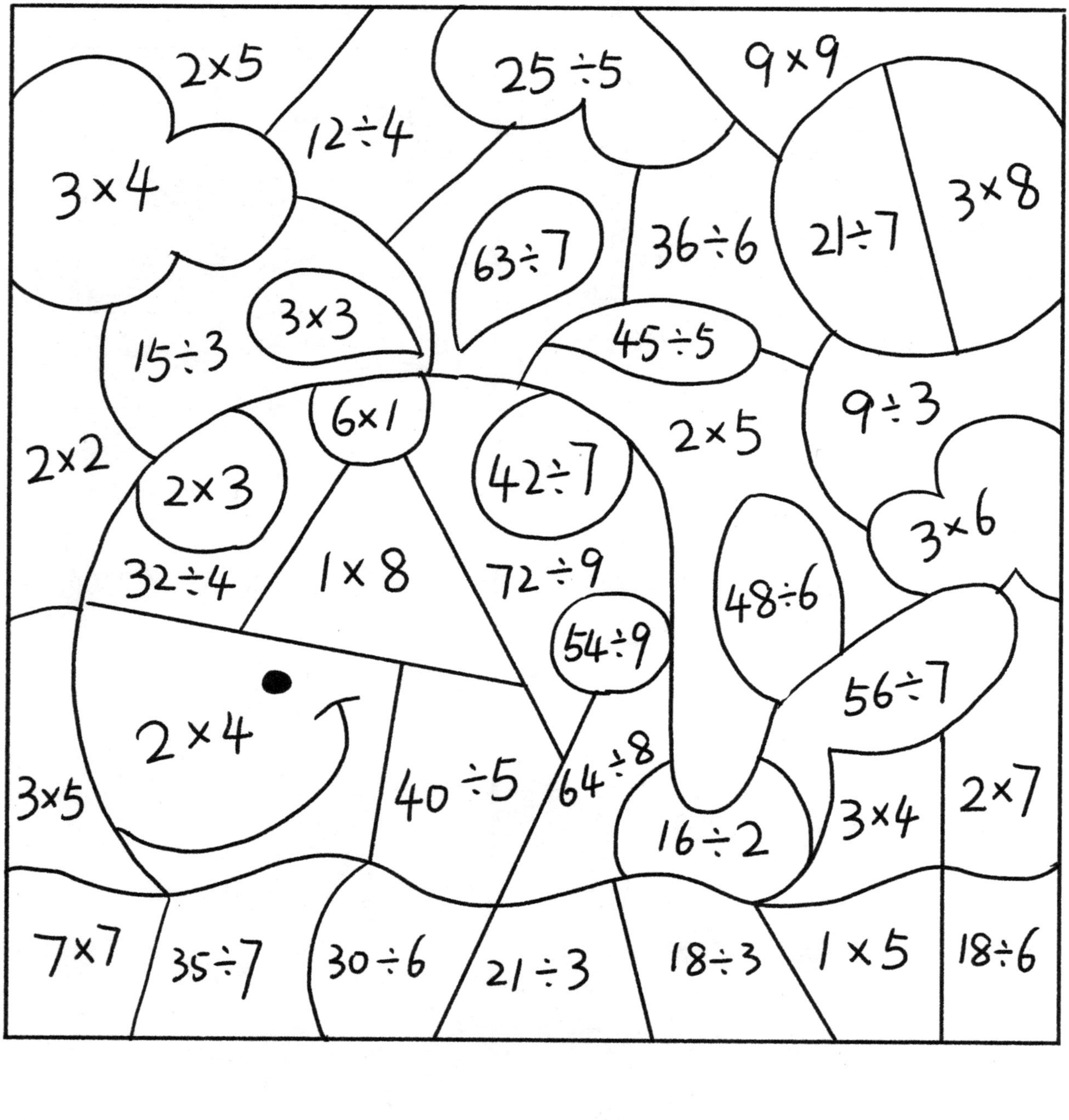

赛车比赛马上就要开始了，每辆车出发时的起始分值是相同的，按照赛道提示，最终分值最高的为冠军。请你在终点的小旗子上标出赛车手的名次吧。

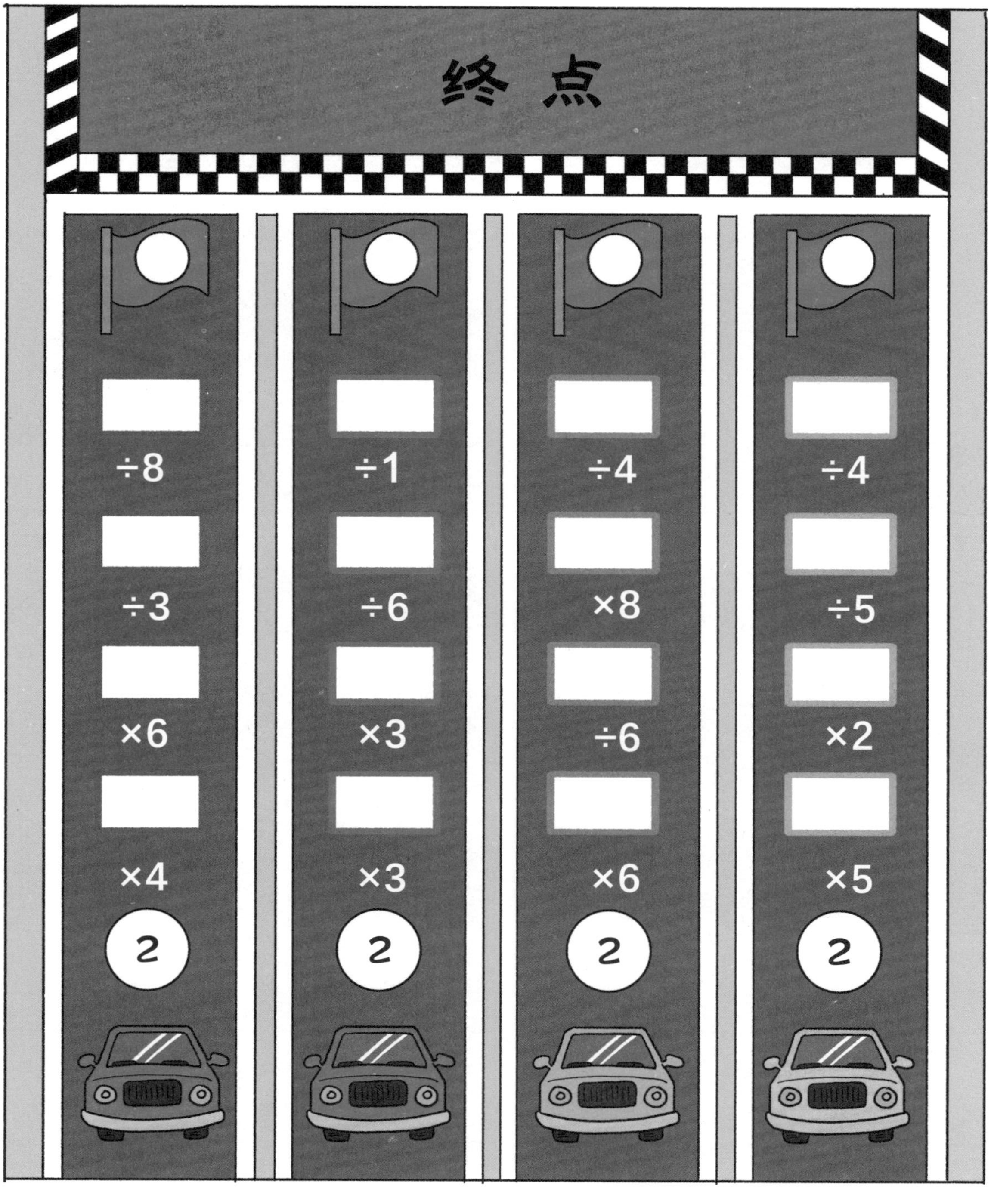

对应图画书《地球日，万岁》《开心嘉年华》《给我分一半》《跳跳猴的游行》

估算一下，将正确的数填到横线上。

1米

大树高约____米。

POLICE

总共约有____辆车。

一条长椅大约可
以坐下2~3个人。

公园里的这些长椅，
最多可以坐____人。

烤一盘饼干大
约需要9分钟。

烤三盘饼干大约需要____分钟。

吉姆和他的小伙伴们正在玩卡牌游戏，可是突然闯进来的小狗把每个人的卡牌顺序弄乱了。你能根据下面的线索，重新将每个人与相应的卡牌进行连线吗？

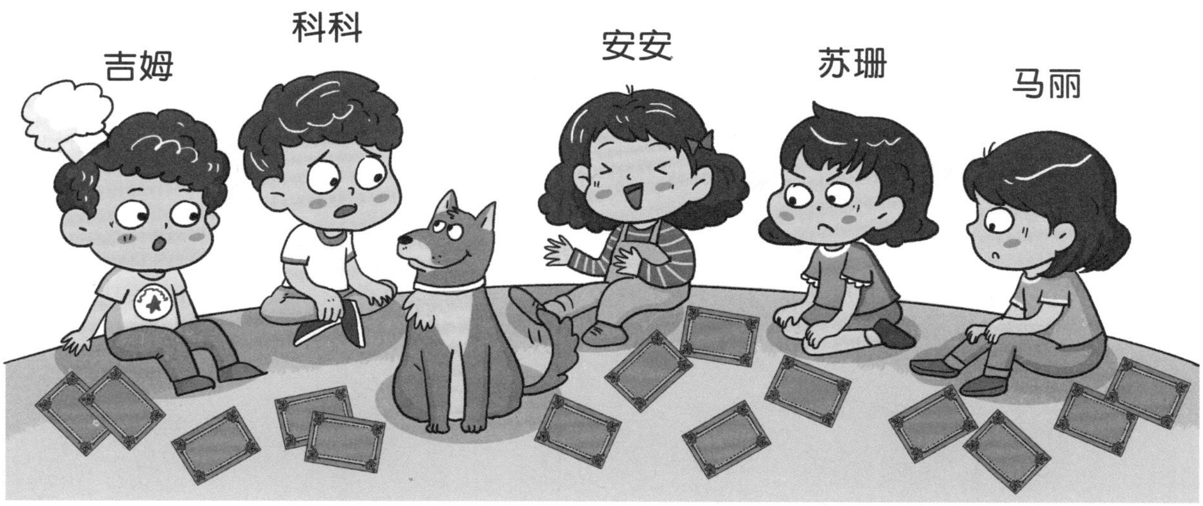
吉姆
科科
安安
苏珊
马丽

494
321
987
501
1002

吉姆的卡牌上的数字在400至500之间。
科科的卡牌上的数字比500大比1000小。
安安的卡牌上的数字最接近1000。
苏珊的卡牌上的数字百位是个位的3倍。
马丽的卡牌上的数字最接近500。

对应图画书《地球日，万岁》《打喷嚏的马》《起床出发了》

鸭子叔叔走到哪里都会带着它心爱的表，请你把正确的数填在□里，并帮鸭子叔叔把最后一幅图中的钟表画出正确的时间。

每一个宝箱需要一张密码卡才能开启。请先找到规律，在□内填入正确的数，再根据规律画出最后一个宝箱的密码，帮助小精灵打开宝箱。

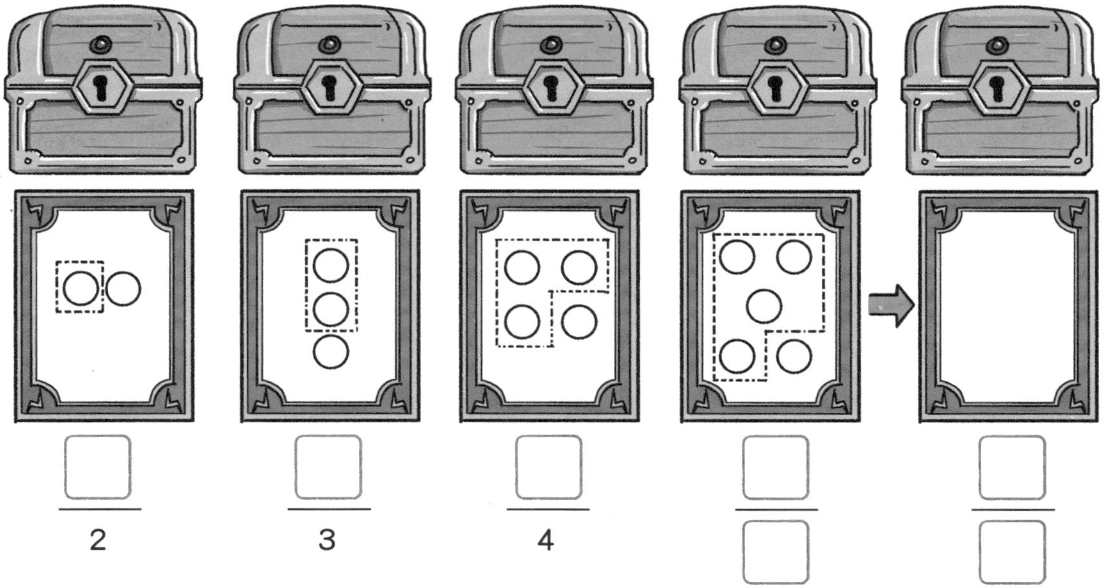

请你根据图中的信息，给下面打乱的图填入正确的序号（按时间先后排序）。

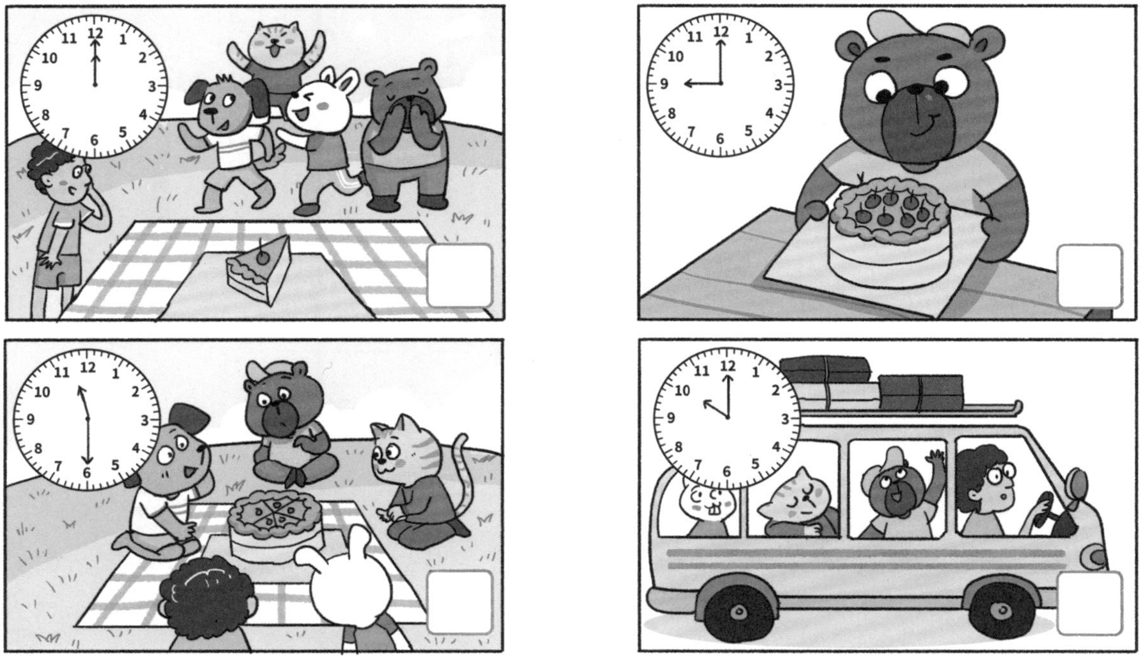

洛克数学启蒙练习册3-C答案

P2

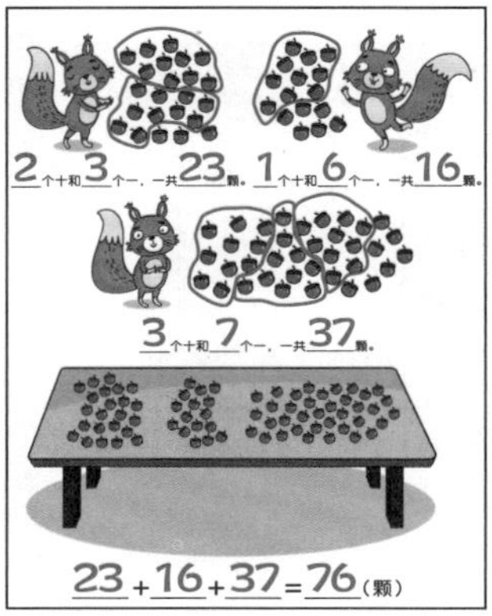
2个十和3个一，一共23颗。1个十和6个一，一共16颗。
3个十和7个一，一共37颗。
23+16+37=76（颗）

P3

13+17=30（颗）
16+14=30（颗）
26+8=34（颗）
37+23=60（颗）
35+23=58（颗）

P4

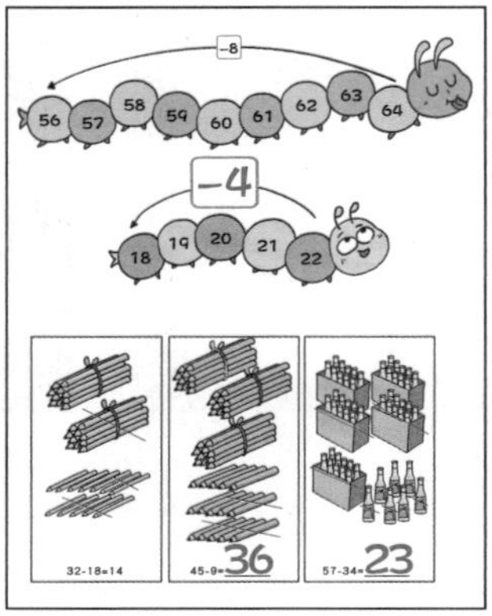
-8
56 57 58 59 60 61 62 63 64
-4
18 19 20 21 22
32-18=14
45-9=36
57-34=23

P5

62-40 22
98-9 89
62-24 38
82-35 47
67-21 46
40-17 23
89>38>22
47>46>23
答案不唯一。

P6

P7

我是按从小到大的顺序沿着2的倍数走的。
我是按从小到大的顺序沿着3的倍数走的。
我是按从小到大的顺序沿着4的倍数走的。

P8

10元/瓶
4元/包
6元/袋
8元/瓶
5元/包
7元/盒
3元/瓶
1袋坚果
2包乳酪三明治饼干
3瓶果汁
饼干
23

P9

2×4
6×2
5+5+5
4+4
6+6
8
12
15
5×3
2+2+2+2+2+2
2×6
4×2
3×5
4×9=36（根）

P10

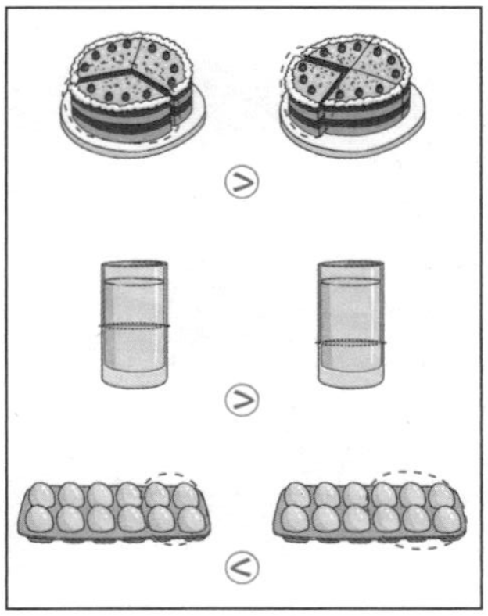
>
>
<

P11

小熊，你的蛋糕看起来很美味，你能分我一半吗？
没问题。
小熊，你的蛋糕看起来很美味，你能分我一半吗？
小熊，你的蛋糕看起来很美味，你能分我一半吗？
想一想，小熊最后只分到了蛋糕的 $\frac{1}{8}$。

P12

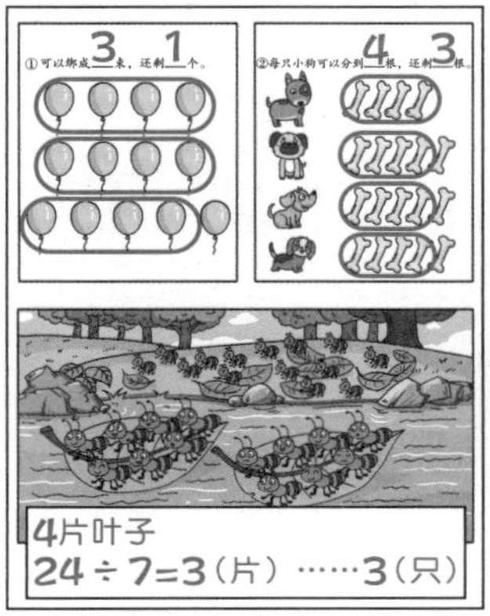
①可以绑成3束，还剩1个。
②每只小狗可以分到4根，还剩3根。
4片叶子
24÷7=3（片）……3（只）

P13

我现在排在第39个，海盗船每次进满6人才能开始，每次时长3分钟。
18分钟

P14

这是一个三位数，百位上的数字是个位上的数字的3倍，十位上的数字比个位上的数字的2倍还多1。
A 953
B 852
C 371
D 173
这是一个几千几百的数，这个数比3000大，比4000小，接近3500。
A 2980
B 4001
C 3408
D 3920

P15

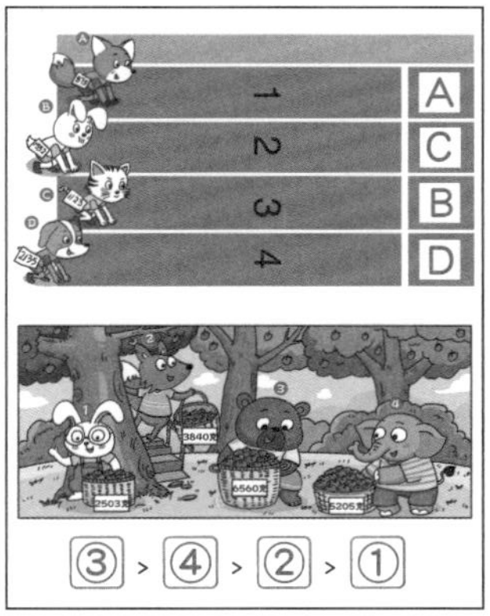
1 A
2 C
3 B
4 D
2503
3840
6560
5205
③ > ④ > ② > ①

P16

波比：8秒
小杰：11秒
肯尼：9秒
科科：12秒
① 谁跑得最快？A
A.波比 B.小杰 C.肯尼 D.科尔
② 谁跑得最慢？D
A.波比 B.小杰 C.肯尼 D.科尔
③ 请你试着画时间线段图，最快的比最慢的少 4 秒。
8
12

P17

3:05或15:05
2:15或14:15
4:30或16:30
1:00或13:00
2:55或14:55

P18

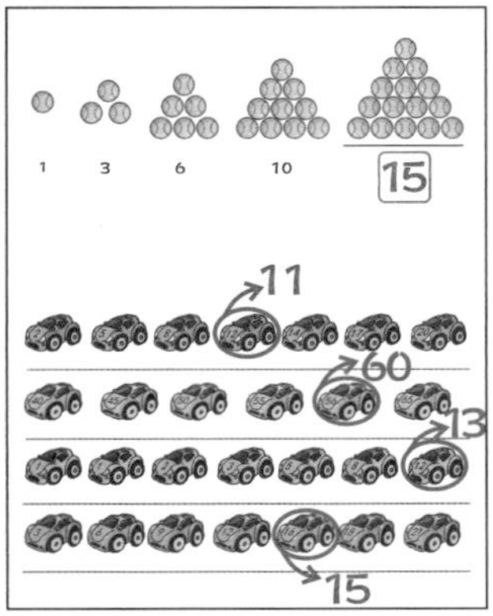
1
3
6
10
15
11
60
13
15

P19

27
20
19
6
85
14
37
9

P20

一条小溪是各种可爱的东西的家。小红花站在那儿，只瞧瞧芙，有时还跳起好看的舞来。绿色的草上缀着露珠，好像仙人的衣服，耀得人眼花。水面上铺着青色的萍叶，盘起一朵朵黄色的萍花，好像热带地方的睡莲——可以说是小人国里的睡莲。小鱼儿成群地来来往往，细得像绣花针，只有两颗大眼珠闪闪发光。青蛙老蹲着眼睛，不知守在那儿干什么，也许在等待他的好朋友。水面上有极轻微的声音，是鱼儿在奏乐，他们会用他们的特别的方法，奏出奇妙的音乐来。
约220个字。

P21

够
购物清单
一瓶芝士酸奶 16元
一瓶果汁 10元
一个萝卜 5元
两个面包 10元
收银

P22

7+8-5
23-10+4
50+40-70
27+9-18
76-40-21
17
18
20
10
15

P23

17
3
9
17 ⊕ 3 ⊖ 9 = 11（条）
我收集了22个。
我比安迪多36个。
我比劳拉少12个。
劳拉 22
马文 46
安安 10

P24

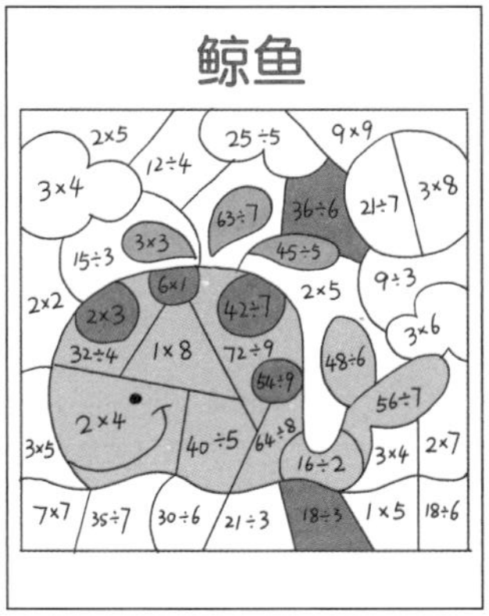
鲸鱼

P25

终点
③ 2 ÷8 16 ÷3 48 ×6 8 ×4 2
② 3 ÷1 3 ÷6 18 ×3 6 ×3 2
① 4 ÷4 16 ×8 2 ÷6 12 ×6 2
④ 1 ÷4 4 ÷5 20 ×2 10 ×5 2

P26

大树高约 4 米。
总共约有 40 辆车。
一条长椅大约可以坐下2~3个人。
公园里的这些长椅最多可以坐 18 人。
烤一盘饼干大约需要9分钟。
烤三盘饼干大约需要 27 分钟。

P27

吉姆
科科
安安
苏珊
马丽
321
501
1002
吉姆的卡牌上的数字在400至500之间。
科科的卡牌上的数字比500大比1000小。
安安的卡牌上的数字最接近1000。
苏珊的卡牌上的数字百位是个位的3倍。
马丽的卡牌上的数字最接近500。

P28

6
4
3
经过 1 小时
经过 1 小时
经过 1 小时

P29

1
2
3
4
5
5
6
4
1
3
2